U0079638

優渥叢書

優渥叢書

優渥叢書

業務之神的「精準」服務

Why Customers Leave

解決抱怨
＝贏得回頭客

★暢銷百萬冊營銷專家★獨創心法

大衛·艾弗林 David Avrin◎著

目錄

第2章

該怎麼精準服務？細節差一點，差很多！

第3章

該如何貼心服務？試著讓對待方式有所不同！ 157

第4章

如何讓服務升級？思考如何改善現有狀況！ 215

謹獻給

每天為我們的客戶提供完善顧客體驗的蒂芬妮・洛爾，我出色的助理兼商業經理。

推薦序

想辦法讓顧客永遠不會離開你，業績一年成長100%

六度登上《紐約時報》及《華爾街日報》的暢銷榜作家、
演說家、社會評論家與媒體名人
賴瑞・溫格（David Avrin）

多年來我不斷強調，如果不考量員工及顧客，做生意就是件美好的事。

為什麼這麼說呢？我們不訪試著回想：員工和顧客，幾乎是你每一個麻煩問題的源頭。員工常常會忘記，他們的任務是要藉由對顧客服務周到、取悅他們，以及讓顧客不斷與我們合作，好讓公司賺錢。畢竟，有了開心把錢與你共享的顧客，員工才得以領到薪資，他們應該要明白這點。然而，當這最根本的商業關係被搞砸了，就會出現問題，而且是麻煩、高成本的問題。

而顧客……哇嗚！今日他們想要、期待的好多好多。難道他們不應該嗎？他們有太多選擇，只要點一點滑鼠，就能觸及幾千個選項。顯而易見的事實是，你並不是唯一的選擇，只不過是一長串企業清單上的選項之一。你可能因為提供快速或便宜的服務而受到青睞；他們看上你的，也可能是重視他們，並且以更多元提供服務的企業。

至於購物，我寧願選擇在頁面上點擊後，就會在幾天後送到我家門口的方式。至少不用跟不專業又粗魯、只自顧自地盯著ＩＧ並且無視我的需求、欲望、問題和金錢的店員打交道。難道你不會做出同樣選擇嗎？

這些問題幾乎是每間公司天天都要處理的。你公司的成敗，掌握在員工及顧客手中，你心裡明白，自己怎麼可能不知道呢？那麼，既然你明白，卻為何仍然擺脫不了我剛才說的（可能甚至更多）問題呢？

這並不是因為缺乏知識，我們周遭的知識唾手可及，這通常是因為缺乏執行力。在演講過數千個場次、賣過數百萬本書之後，我發現大家並沒有善用手邊的知識付諸行動。原因可能很多，但我想其中一個重要原因，是大多的資訊都太抽象，讓人困惑；或者正好相反，具體到人們無法理解如何將其運用在自身的處境上。

好消息是，這本書不是這樣的。它有邏輯、實用、容易執行，而且就是有道理！我邊讀邊點著頭說：「沒錯，我懂了！他是對的，我需要馬上行動。」你也會一樣。

所以，當你發現顧客流失了，不確定自己該做什麼來阻止他們離開或挽回時，會怎麼做？你要解僱每個沒有用正確方式對待顧客的員工，然後從頭來過嗎？這當然是一個選項，但不是非常聰明。你要為了在顧客眼裡樹立良好形象而詆毀競爭對手嗎？短期也許有用，但最終不會獲勝。你的廣告做得比人家好嗎？別人總是能夠砸下更多的錢。

大多數人面臨問題的時候，都會開始留心如何解決問題。當然啊，難道不是嗎？這倒未必，解決問題固然重要，但或許不是第一步。**這是我之所以喜歡這本書的原因：大衛．艾弗林會告訴你該做的事及處理方式，但他從解答「為什麼」開始。**

許多人盲目地一頭鑽進研究解決問題的方法，忙著修正問題，只是常常花了大把力氣、時間、甚至金錢後，才發現問題根本沒有解決。這可能會令人沮喪甚至抓狂，而這是因為他們從未理解「為什麼會出現這個問題」。

艾弗林想要業者或員工去思考原因是什麼，並去理解為什麼你的顧客做出那些反應。換句話說就是去思考：「我為什麼會陷入這種混亂？」

這聽起來既簡單又難，卻非常有效。有效的原因是它會促使你思考，而難在思考總是很費心；去思考為何我們有時候如此愚蠢，更加困難。

另一個我喜歡這本書的原因是：艾弗林提供了更好的做生意法門，讓你的顧客永遠不會離開你。他並沒有說這是最好或唯一的方法（儘管這很可能就是最好的方法）。他只是告訴你，你可能做錯了什麼，然後建議你一個更好的方法。我喜歡他「不傲慢」這點，也已厭倦一些作家或演說家說「這就是做事的方式」。

因為我看到，成功的方法跟成功的人一樣多，我不相信成功只有一條途徑，而艾弗林也是如此。如果你善用這本書，它會是可以拯救你事業的重要禮物。

以下是關於這本書我最喜歡的地方：它以核心價值為基礎。如果你知道我是誰、知道我以什麼維生，就會知道這對我來說多麼重要。誠實、正直、善良、感恩、有禮貌與職業道德，是我們周遭正在崩解的價值觀。艾弗林的這本書立基在這些價值觀的基礎上。這使我以自己的名字出現在書上為榮，也以受邀為此書撰寫前言為傲。

以下是我的建議：**打開心胸，接受更好的想法，用他問你的問題來問問自己，誠實面對這些問題的答案**，然後為你團隊的每個成員添購這本書，用來進行討論和培訓。這麼做得到的收穫，會超乎你的想像。

現在，翻到下一頁，準備帶領你的事業到更高的層級吧。

前言
業務之神的絕學，是抓到營銷的痛點解決它

那麼，我們先解決這件事情：你不會喜歡我在這本書裡說的所有事情，但重要的是能不能聽進去。老實說，我也並非喜歡自己在這本書裡說的話，但一字一句都是我相信的道理。

我保證，你會對我在書中描述的顧客問題和行為有印象，並且會對大多內容產生共鳴。有些內容會讓你點頭贊同；也有些會讓你因厭惡而舉手抗議，甚至還有些內容會讓你不禁微笑。作為一個顧客，你早就經歷這些了——真衰，居然經歷過！而你若身為一個企業主或領袖，會需要一記警鐘，這本書即是。

我會告訴你，這本書會為你在生意上省下荷包、帶來錢財，還可能幫助你成為更好的人。此刻，你的某些行為正在消耗你的金錢與人際關係：所謂的節省成本，正在讓顧客付出代價；刻意讓員工工作更愜意、做事有效率的政策，正在趕走你的顧客。

這是逆耳的真話：雖然你很優秀，但大多數的潛在客戶不會選擇你，而是選擇其他

人。除非你的市佔率超過百分之五十（但這很罕見），否則大多數的潛在客戶都會選擇跟你的競爭對手做生意。為什麼呢？這本書將會揭開或找出一些箇中原因。

雖然我的專業是演講，但我並非一個會讓你充滿熱情、活力充沛的演講者。我是一個商業作家，而非來為你打氣、讓你知道自己有多棒的啦啦隊長或心理治療師。我既非私人教練，也不是你的責任夥伴。

我遠比這些角色更重要——我是你的顧客、客戶、病患或供應商！或甚至更有挑戰性，我是你的潛在顧客。我是決定要不要跟你做生意的人，我有很多選擇，而你只是其中之一。

身為你的顧客，如果讓我等待，我會沮喪；如果對我說「不」，我很容易就能找到對我說「好」的人；如果不能讓我開心、滿足我的需求、給我好的體驗，我會找到願意這麼做的人。沒有什麼大不了的，我每天都這樣做。再說一次，你也一樣。

在這本書中，我們要質問的是，你為什麼要用這種方式做生意。我們會探討你如何構思與顧客的互動，告訴你哪些是顧客不喜歡的行為，並解釋他們為什麼離你而去、投奔向競爭對手。有時你會同意我的意見，但也不總是如此。我不會因此而受傷，畢竟我也不總是同意你的觀點。

我們會談點往事——過去的商業模式，不僅僅是為了懷想一個簡單的時代，更是為了提供觀點與脈絡。我會將我們的生活與過往相互對照，找出不同處與不同的事發原因，以及這些變動如何驅動我們生成新的見解、行為和決策。

澄清一下，這並非對人口趨勢、經濟理論、行為驅動力及世代更迭的學術探索。那些既不是我想寫的內容，也不會是我自己想讀的書。

直言不諱，去解決你沒發現的問題

直截了當地說，這是一本粗魯直言的書，忠實反映你的顧客和你做生意的想法與感受。但不要以為這不過是情感宣洩的練習，要知道瘋狂是有竅門的，教訓是有結構的。其他的書可能會開發一些有創意的方法，來增進你的顧客體驗、讓你的顧客驚艷。但是我相信，解決你可能沒有發現的問題，才是每一個成功企業立基的第一步。

此外，我要提前警告你，我寫的內容與其說是給讀者，更像是給聽眾的：我用我手寫我口。如果「而且」或「但是」開頭的句子結構令你困擾，那麼你需要先克服這個問題，決定權在你手上。

這本書的每一章都會告訴你：

- 案例背景
- 顧客的背叛行為。（舉例）
- 為什麼你這麼做？
- 為什麼我們討厭你這麼做？
- 精準的服務之道。

我的任務是去強調你可能沒注意到的痛點，拉開那個傷口，在上頭灑點鹽，並且給你一些需要的解藥。記住，這本書談及的方法，並非每一個皆適用於你的商業模式。多翻個幾頁，會找到需要的內容。

不要因為幾次沒有命中要害就略過這本書，更多的正面痛擊會出現在接續的頁面中。雖然每個情境不一定都能套用在你的生意上，但我有信心，大多數的情境都會使你產生共鳴，畢竟相同的情境在不同的商業模式產生共鳴是很自然的。

最後，這本書刻意設計成小篇幅。你當然可以在幾次馬拉松式的課程中狼吞虎嚥消化它，但是這本書的設計初衷，是讓你吸取一兩則值得深思的教誨，與你的團隊分享討論。這些章節篇幅並不長，可以放在書桌、床頭櫃或廁所裡。三不五時拿起來讀一下。

就像我在每一本書中都會寫的那樣：忽視學校老師教給你的東西，並且把這本書看好看滿。劃重點、折書頁、做筆記，這是你的書！這不是一本文學小說，這是一本商業書，旨在與你的團隊一起分析、討論並付諸行動。更理想的做法是，如果有讓你產生共鳴的內容，可以標記 #DavidAvrin，發到推特上吧！

幫自己沖杯咖啡，然後拿起紙筆，放到你的桌子上，你會比平常更頻繁地需要它。

我們這就開始吧！

導讀
傳授價值百萬的23堂課，讓顧客體驗達滿分

通常我們錯失機會的原因，是因為機會穿著工作服，看似需要很費勁地工作。

——愛迪生

別總是搞丟你的顧客

在我的辦公室裡，有一個以白色大背板為背景的攝影棚，我會在那裡錄製行銷或顧客體驗短片，然後發佈到網路上。我使用 iPhone 一段時間後，覺得應該要升級裝備了。於是在一個星期三晚上，我走進一間大型電子用品商店，想買一台新的高級相機。我認真地在商店後方的相機區探索產品，經過十五分鐘研究不同規格後，找到我要的相機。有點貴，可是很完美！有我要的光圈手動調整功能，和一個外接的麥克風。

問題來了：我要買這台相機嗎？要還是不要？不要！我拿出我的手機，找到同樣的型

號，便宜八十七美元，然後按下購買鍵，走出商店。

另一天，我想找人修理院子那幾個壞掉的灑水噴頭。其實之前就需要修理，叨念了幾個月，卻從來沒有抽出空。於是我決定牙一咬，雇一個專業的技師來修。我在Craigslist.org這個網站上（註：一個美國的分類廣告網站）輸入檢索詞。Craigslist馬上回傳一大堆附近的維修技師電話。

當我撥打第一個電話時，語音卻回答我：「謝謝您的來電，五四三灑水噴頭安裝及維修公司現在沒有人在辦公室，請留言，我們回來後會回撥給您。」

問題來了：我該留言嗎？要還是不要？

不要！我會打給下一個，不行的話再打給下一個，直到有人回應，我就會請他來修。

再舉一個例子。某個星期五晚上，我跟愛人外出用餐，孩子們去參加一場高中足球賽，難得可以享受單獨約會的夜晚！我們想要去吃吃看一家新開的泰式料理餐廳，而這正是個好時機，所以我上網訂位。安全起見，我先瀏覽一些顧客的評價，看到一片好評十分開心。但我留意到，近幾週的評論並沒有這麼正面。

那麼問題又來了：我要預約嗎？

不要！約會的夜晚彌足珍貴，我們寧可去一家熟悉也喜歡的餐廳，沒有理由冒險去可能不太好的雷店。

這些情境的共同點是什麼呢？這些都是並未發生就已經失敗的銷售案例——搞丟的顧客、逃跑的潛在客戶以及停止繼續尋找的觀望者。

生意中最令人痛苦的事實是：你所流失的最大收益來源，是從未知道的潛在客戶。他們開車經過，但沒有駐足停留；他們打電話來，但在你接起電話之前就掛掉了；他們順道拜訪了你的店面，但在下訂之前就轉身離開；或者他們造訪了你的網站，沒有買任何東西或留下聯絡方式，就把頁面關掉了。而最糟糕的地方在於，你根本不知道他們是誰，也不清楚這樣的人究竟有多少！

我們身處在一個充滿驚奇又很有挑戰性的時代，擁有巨量的選擇，而且大多數是優質的。但你要明白：你不是唯一的好選項，你的潛在客戶擁有無數的選擇——其中也包括「什麼都不買」！

此外，業者要習慣被「我們不需要你」的訊息轟炸。畢竟在今日，顧客不一定需要付百分之六的仲介佣金，也能買到喜歡的房子；不用透過汽車業務也可以買到一輛車，更不需要枯坐等待你的回電。

因此，我們不能把「顧客總是會需要我們」這件事視為理所當然。他們其實不需要，今日他們可以從任何人（甚至不透過任何人）那裡買到東西。

每一天，我都看著優秀的企業：勤奮創造高品質的產品與服務、打造強大的內部團隊、為他們的每一份子背負資金風險、花費可觀的金錢吸引新顧客，然後在最關鍵的時刻錯失良機。你的每個顧客就正好在你的地盤上——電話中、店鋪裡、辦公室裡、網站上——然後在同樣的地方，你令他們失望離開。

不幸的事實是，你並沒有意識到自己正在這麼做。別跟顧客說：「很開心收到你的來電。」卻讓他們在線上等了四十分鐘！自己身為顧客時，想必痛恨這種情境，那麼你怎麼會認為顧客不介意呢？他們當然介意！

過度分享的網路時代，負評永不消失

你可能會對我們接下來要討論的「第一世界問題」嗤之以鼻，請抑制這股衝動。（註：first-world problems，指舒適、先進國家人民中，偶然發生的不如意問題）僅僅因為貧窮國家裡，挨餓或生活在飽受戰爭蹂躪區域的人民，會渴望擁有我們的生活，但這並不能否定一個事實：在你的潛在客戶眼中，許多要求未能被滿足。惱人的潛在客戶是那些帶著他們的第一世界問題和錢，朝著門口走去的人。

我偶爾會在我的社群媒體上，張貼與顧客交手的棘手經驗，讓我的閱聽眾去思考。但無可避免地會接收到一些輕蔑的回應，認為我的抱怨是微不足道的第一世界問題。或許吧，但某家冒失的公司就在剛剛丟了我的生意。無論你再怎麼不認同我的抱怨，流失顧客和收益，對企業來說都是個大麻煩。

事實上，我們都曾對業者的服務感到沮喪。以前，我們會將自己的挫折告訴親近的朋友，或者喃喃自語。如今，我們生活在另一個不同的世界——幾乎每個人都能立即散播所有的資訊！好比現在就有數百萬人，透過臉書、推特、Youtube等等，向全世界分享他們正在吃的食物。

「過度分享」已經成為一種文化，這曾經是一種異常現象，被認為是青少年的愛現行為，但今日卻普遍存在。也不知不覺方便了我們以不斷分享糟糕透頂的消費經驗，來淘汰表現不佳的業者。

一般來說，擁有好的購買經驗會告訴兩三個人，而有負面評價的顧客會告訴十個人——在我們成長的商業世界中，這是陳舊且廣泛被接受的準則。這概念從未真的受過質疑，並且常常以類似的方式重複。因為這符合傳統觀念。

但我的朋友啊，這都不再是真的了！今天，當擁有負面消費經驗時，我們不會告訴十個人，我們告訴成千上萬人，有時候，甚至告訴數百萬人！

不相信嗎？如果你是航空公司老闆，可以試著把付費搭乘的某位旅客拖出去，就知道消息能傳播多遠。或者在你的咖啡廳門市辱罵一位紳士，只因為他不買咖啡但想借廁所。我不是在嘗試搞笑，這是悲慘、不敬的，但也是讓愛看熱鬧的社群媒體不斷分享、分享、再分享的完美素材。

過去，我們盡其所能安撫不滿意的顧客，跟他們一起努力，試圖解決他們的問題。然而某些時候，我們會說服自己：「反正顧客永遠無法開心」，而忽視他們。

但現在我們不能再忽視任何人，得非常在意每一個消費經驗不滿意的人。不只是為了潛在的商機，而是因為他們可能會直接或間接告知全世界。因為張貼在網路上的負評永遠不會消失！

我問我的孩子：「你們知道愛與網路的差別嗎？」答案是：「網路是會永遠留傳！」我知道，對年輕人說這些，實在是太憤世嫉俗了，但這當中很重要的事實是——尷尬局面、負面評價，對你的事業有著深遠影響。這既是好消息，也是壞消息：你的競爭對手也面臨著同樣的挑戰。這世界變了。

如同聲譽管理公司的興起，是為了幫助企業解決網路上的負評。他們向企業收取費用後，在線上發佈正面評價，好讓負評被洗版、被踢出第一頁之外。

這時你應該能瞭解，在任何組織層面、任何與你事業相關的負面消費經驗，都會被分享出去。如果沒有，那真是躲過一劫了，不過你敢冒這項風險嗎？

我不是在說你的顧客服務得到達一百分，但最起碼，應該讓員工負起提供良好、禮貌服務的責任。

我們假設你知道基本服務與顧客尊嚴的重要性，我們還假設你紮實地訓練你的團隊，並且持續監督團隊，以確保你的員工能夠滿足顧客的需求。如果你還沒通過這個基本階段，表示還沒有準備好要解決本書中討論的行為。

需要明確說明的是，這本書不允許以下情況：提供低於標準的產品與服務，並且只想以好的顧客體驗掩蓋這些缺失。

創造好的顧客體驗是今日必要

「顧客服務」是個人與顧客接觸時的行為；而「顧客體驗」則相反，是你的組織策略與行為，以及如何傳達你的價值主張（value proposition）。這個詞的重點是你如何設計每一個與顧客接觸時刻，你的潛在顧客如何找到你、聯繫你、與你互動、向你購買產品或服務？他們的疑問如何被解答、他們的產品或服務如何交付，以及他們的顧慮如何消除？雖然顧客服務無庸置疑也是重要的，但你採用的策略、流程與監管方式，會使這些互動有不同結果。

你最大的問題，以及失去潛在客戶與不再獲利的主要原因，並不是你的顧客服務，而是在營運效率、成本管控與預測員工行為這些面向上，把顧客推向了競爭對手。

你大可以把銷售的下滑，怪罪到亞馬遜或者所有想怪罪的大企業，但正是你、只有你，有責任去解決顧客在消費環節裡的不理想處，並且讓你的產品或服務，比那些更便宜的其他選項更出色。

你打算來個轉身不理會，還是打算為你的事業奮鬥一番？

此外，在這本書裡，我會問「為什麼」問非常多次。為什麼你說「不」？為什麼你這麼難聯繫上？為什麼你未經我同意就寄電子郵件給我？為什麼你持續要我做問卷？在我離開你的店時，為什麼要像對待扒手一樣檢查我的包包、檢查我的收據？為什麼要讓我在線上等候？為什麼要傳送罐頭回覆給我？為什麼我得沿用你們死板的政策？為什麼讓我承擔你們本應該服務的事？為什麼讓我點進無窮盡的網頁連結？我真的想知道為什麼。

雖然以下章節的內容並非都能應用到你的事業上，但如果你身為一個消費者，這些場景和令人抓狂的公司行為會讓你感同身受。我跟你一樣，也厭倦被忽視、被視為理所當然或被否決。

這本書是關於你的聲譽。你在商場上靠什麼出名？而你的聲譽——你的品牌，是否在沒意識到的情況下脫軌了呢？

超業想告訴你的23個心裡話

這本書裡，我會詳細介紹二十三種做法，說明公司的政策、流程與作為，如何把顧客推向其他的選擇，重要性並沒有先後順序。當然，還有千百種理由未列入，但二十三感覺起來是個好數字。或許未來幾個月的迴響，會成為另一本書的基礎。畢竟任何把章節依照重要性、頻率或說服力排列的嘗試，都會太主觀。

你將在這本書中，重新審視三個核心主題——三個消費者的心態。這三個關鍵的消費者心態常常同時出現，各自代表著如今驕傲的消費者群像。最值得注意的是，它們闡明了消費者的期望，如何能在短時間內發生巨大的變化。

這三種轉變，是我在演講時候，對聽眾以及諮詢者分享的主題。如果你想在今天的商場上競爭，並且為了明天存活下去，那麼，它們就是你從這本書中該汲取的核心。

● 即時（immediacy）

人類一直都希望即刻獲得滿足，但在今日，這種渴望越來越強烈。我們想要立即得到問題的答案、上網獲取產品資訊、找到會議場所的詳細動線、在一萬公尺高的高空進行即時通話，以及點擊一下滑鼠就能購買到想要的東西。

今天，我們不再留語音訊息給恰好不在辦公室的潛在服務提供者，而會直接找下一個服務提供者；我們不會為了得到業者隱藏起來的價格而花心思，而會去找願意直接告訴我們價格、不耍花招的人。如果業者沒能在一兩分鐘內回覆我們的簡訊，我們就覺得遭到冷落了。

這個道理簡單明瞭，但那些讓我們等候的人往往會把生意送給不犯這種錯誤的競爭對手。

● **個性（individuality）**

如果你想要，也可以把這個詞替換成「彈性化」或「客製化」。我們不想用你的方式做生意，我們想採用自己的方式。「一套用在所有人身上的方法」是為了你的利益著想，而不是為了消費者。我們想要無麩質的產品；我們希望菜單能夠替換；我們喜歡在線上客製化Converse休閒鞋，選我們想要的顏色跟花樣，並且一天內送達（儘管要花多一些錢）。

孩提時代玩家家酒時，我們搶著扮演最喜歡的角色。今日，孩子們不只是選擇電玩裡的角色，還選角色的裝扮、髮型、車子的種類與樣式、武器配備等等。如今，有大批人可以提供我們客製化我們的體驗，而你也得找到靈活的方法來保持彈性。

● **人性（humanity）**

最後這點，我並非想用哲學的觀點來闡述做一個良好的企業一份子，這並非我的意圖。是你得決定什麼對你以及你的組織是重要的，許多顧客希望被在乎，但也有業者不放在心上。我指的是人都需要被重視——你的顧客與客戶，他們會希望自己的需求及要求是重要的。

通常，為了創造更精簡的流程、在政策上實現更高度的一致性，甚至能更精確測量收益，我們在此過程中將員工變得標準化。我們太擔心他們會做出錯誤的決定，所以不讓他們做任何決定。

太多公司將員工降格為政策的執行者，而非解決問題的人。當有顧客因為意料之外的狀況而提出合理要求時，那些員工會說：「對不起，我們不能允許這麼做。」

人都希望自己的要求獲得真正的傾聽，而不是獲得來自真人卻如同機器般的回應。你會聽到我一直在談指導方針（而非政策）的重要性，以及以合理的靈活度，滿足人們真正需求的重要性。

第 1 章

你是服務業嗎？如果是，這六件事別做！

同時身為營銷專家與顧客，告訴各位有六件事千萬別做！包括：對顧客說「不」、讓顧客在電話線上苦苦等候、出了錯打死不承認等等。這些會讓你得不償失，失去比金錢更重要的商業信譽。

別再對我們（顧客）說「不」

否定他人自由者，自己也不配享有自由。

——林肯

心理學家告訴我們，對人類的耳朵來說，最無禮的詞是「不」。這並不奇怪，因為人類對於「不」的本能反應，超越了語言與文化的界線。不管是英文、俄文、德文還是法文的「不」，人們都不喜歡被告知不能獲得想要的事物。相反地，「不」也被認為是最有力量的詞，因為它幫我們劃清界線、杜絕參與有害的活動、避免責任負擔過重、捍衛我們的實體空間（甚至並防止洋蔥偷溜進我們的漢堡）。

那麼，當我們有機會從顧客身上取得業績並賺取利益時，為什麼常常說「不」？我指的「不」，不是以提供資訊為目的的「是不是」或「有沒有」，例如以下對話。

「你們是不是地圖上指的這家餐廳？」顧客拿旅遊書問。

「喔，不是喔，你要走到下個路口才能看到它。」服務人員回答。

我指的是在公司規定之內，拒絕顧客或客戶的請求，或未能提供對方所要求的便利服務，比如提供手機充電的插座。這種「不」，還有另一種表達方式，就是委婉拒絕。

業者可能會這麼說：「噢，真是抱歉，但我們公司規定不能這樣做。」或者「嗯，雖然我很願意，但我們沒有辦法提供這項便利服務。」然而不管業者或他的團隊怎麼說，就是在告訴顧客，你無法獲得想要的事物。

你不說「好」，是因為你不想

這不是為了應和那句老話「顧客永遠是對的」，而是業者適應力與留客能力的問題，更直接地說，是關於利潤與誠信的問題。

為了避免你立刻聯想到：「在工作上我就是無能為力」這件事。請先相信我，我明白！有些事情就是不符合商業考量，也不可能每項業務從頭開始就客製化，以至於影響整個團隊，並且使你在延誤其他工作、工作表大亂，何況你的生意還要保持盈利狀態。

我指的是有些時候，可以給顧客一個小小的方便，雖然可能會令你想皺個眉頭，卻能保住業績、取悅顧客，並且培養顧客忠誠度。

「但那是一條不歸路！如果我們允許一個人更換菜單選項，那麼每個人都會這樣做。」在餐飲業的你說。

不，別認同！這是站不住腳的論點。並不是所有的顧客都會提出這個要求。承認吧，**你做不到說出「好」這個字，除粹是因為你不想**。你不這麼做，是因為不想讓你的廚師在廚房裡對著特製餐點抱怨；你不這麼做，是因為不知道得額外加收多少費用，也不想要花時間搞清楚。

但你知道嗎？那位小姐只是想單點三隻蝦子！那麼就給她蝦子，多收兩塊美金，你這就賺進了額外的收入，而她也被取悅了，不僅會更常來消費，還很可能向其他人述說她的美好用餐經驗！

你的另一個選項是什麼？「不」給她要求的東西？她難道不會憤而離去、不再上門、在Yelp（註：美國最大評論網站）上張貼負面評價，並且告訴她的五千個臉書好友，這是一個多麼「瞎」的餐廳？向一個你原本可以說「好」的人——付錢的顧客說「不」，真是既愚蠢又懶惰。

說到這，我有一個關於說「不」的親身的經驗。

早上七點，我在前往演講的路上經過飯店櫃檯：「早安，不好意思，我需要延長退房時間。」我這麼說。

「抱歉，我最晚只能為您延遲到中午。」櫃檯人員這麼告訴我。

「但我今天上午我有個演講，直到中午都會在講台上。我會儘早回到飯店，並試著在十二點四十五分退房。」我說。

「先生，我得再說一次『很抱歉』，我們今天不能提供延遲退房的服務，因為下午有一場研討會的會場要忙，我們需要人手。」她的聲音一直傳達出輕蔑的傲慢姿態。

「如果您不能在預定的時刻退房，我們會向您多收一晚的房價。」

我聳了聳肩：「那就歡迎你們跟我收費。」

我接著實事求是地說：「我沒有任何方法可以早一點回到這裡，而且我現在已經遲到了。我會多住一晚，反正也多付了錢。但記住，你們會失去我未來的生意，這是你們想要的結果嗎？」

「嗯，讓我跟我的經理談談。」她這麼說。然後二分鐘後說：「下午一點退房，沒問題。」

如果有人提出一個合乎情理的需求，而你有能力給予方便，那麼就做個好人，並且盡可能讓事情順利進行。我並非要求三小時，而只是比正常延後一小時退房。我設想的是，房務人員不可能在十二點退房時，同時清理數百間客房；也並非每位房客都提出了延後退房這個要求，以至於讓他們手忙腳亂。所以，讓人們維持他們的尊嚴，別讓我們低聲下氣，拜託一下！

同樣地，如果有人需要使用廁所，但還沒向你訂下任何房間，別拒絕他。當個好人，指引方向並且微笑。我的老天，有人需要使用廁所！你是有什麼問題？拒絕別人使用你們的廁所，是最目光短淺又過分的公司政策之一。

「我們不是為了給大家方便、好佔我們便宜而存在的。我們在做生意，拜託一下！」

身為飯店業者的你說。

沒有人是為了要佔你便宜才借廁所，這麼想會令父母以你為恥。我們都聽過殘忍的老師不允許孩子去上廁所，然後那個孩子在全班面前受羞辱的心碎故事。如果你還實行著拒絕開放使用廁所的政策，那個殘忍的人就是你。大家都需要去上廁所，就讓他們去吧！

有多少次，你向零售商或餐廳買一些愚蠢、無用的小東西，只為了讓他們允許你使用廁所？好吧，混蛋先生，你這就賺了我四十五分美金，甘願一點了嗎？但我永遠不會再回來在這裡消費了。喔，不過你剛賺了四十五分美金，不是嗎？

我看過一家咖啡廳的玻璃門上，張貼了一張絕妙的短語，是這麼寫的：

「今天您也許不是這裡的顧客，但這顯然是一個有需求的時刻。所以非常歡迎使用我們的廁所。同時如果正巧想買杯咖啡，請這麼做吧，我們的咖啡是鎮上最好的咖啡！」

聰明、善良、有人情味！如果使用廁所的人之前不是顧客，但現在或未來，極有可能會成為顧客。也就是說，他們和未來的顧客，已經以一個特殊的方式建立了良好關係。可惜的是，這間經營者所表現出的同理心只是個例外，而非通則——而這就是它顯得如此出眾的原因！

好好回想每一個你和團隊向顧客說「不」的理由，並開始試著找出說「好」的方法。當然，會有許多次，你就是不能或不想要給予方便，理由通常並非合情合理，而是一些在法律上、倫理上、邏輯上或甚至偏好上的原因：

「不，我不想在我的素食餐廳提供任何有肉的選項。」

「不，我不想透露清潔人員的姓名，好讓你來抱怨我。」

「不，我們不能要求這個班機上的其他二十二名旅客換位子，好讓你的排球隊可以坐在一起。」

但我保證，每天或每週，你都會收到這些明明可以給他人方便，卻被你斷然拒絕的請求。在這本書一開始，我就提醒：**你喪失的最大收益來源，是自己根本未曾得知的顧客或客戶**。這些你已經「知道」的顧客，通常都在你面前或電話線的另一頭。你對他們行銷、交流，並誘發出那個成功的關鍵行為——他們停留在你的電話中、商場內或官網上。好不容易擁有了做生意的黃金時刻，但別因為說「不」而把生意搞砸了。

「不」的醜陋親戚是「不通人情」，也往往躲在公司政策背後。曾幾何時，顧客都是國王或皇后。但對今日許多人而言，公司的政策宛如鐵律，任何稍微偏離的情況都需要重重思考與顧慮。

若無法拒絕，請找到替代方案

公司政策若設計成讓你的員工不需要思考，就剝奪了他們解決問題、為顧客提供便利的機會。並不是每一種特殊狀況都得詳記在員工手冊裡，以規定你的員工好好遵守。但一位好顧客——見鬼，應該說是「任何」顧客——提出特殊請求，需要你給予便利、寬容或彈性時，你至少應該好好考慮一下，而不是斷然回絕。

如果有一個六十歲的婦女拿著熱騰騰、裝在咖啡杯裡的六美元咖啡，走進你的商店，別跟她說：「抱歉，我們不允許攜帶食物或飲料進到店裡。」不如像對待貴客一樣對待她吧！與其把心思放在她違反了張貼在牆壁上的規定，不如多花心力取悅她。或者把任何與健康或安全不直接相關的規定，替換為「建議事項」吧！

在一所高級水療連鎖店裡，我聽到這樣的對話：

「我需要暫停會員身分，大約一年時間。我最近被診斷出癌症，正在接受治療。」顧客對站在櫃檯後方的年輕員工說。

「好的，妳可以這麼做，不過會喪失已經付費但還未使用的課程。」該名員工說。

「真的嗎？過去四個月我都在做癌症療程，沒有辦法到這裡來，我以為可以把那些課程保留起來。這是醫生開的診斷跟治療證明。」那位女性回應。

「我明白，但這是公司規定。我們還有一個選項是，妳可以支付一個月三十美元，這樣就可以保留課程，不會再額外收費了。」該員工同情地說。

「等等。妳說我得付一個月三十美元，才能保留我已經付錢購買的課程？」她不敢置信地問。

「是的，這是我們公司的規定，很抱歉。」

在這個真實對話中，我真心對她們兩個都感到惋惜。該員工受制於她的公司，無法依照覺得對的做法去做。這名顧客正在與生命搏鬥，水療館卻雪上加霜。

持平而論，我懷疑這家連鎖企業的領導階層，是否設想過這種情況，他們死板的政策，讓員工沒有辦法處理特殊狀況。因此務必花時間去設想所有可能的情況，並據此訓練你的員工。

此外，不要告訴我：「我們不可能對每一種情況都做規劃！」我可不吃這套。這只是一種方便的逃避方式，好讓你不用為大多可以預測的麻煩事先規劃，並授權你的員工解決掉麻煩事。「如果不讓我們的員工做決定，他們就不會做出錯誤的決策！」這糟透了的思維。

另一種藉口則是以「滑坡效應」為擋箭牌：「如果我們答應了這個顧客的要求，那我們就得答應所有顧客的要求。」什麼？你是小學三年級嗎？不，你不需要。做一個真正的人，展現同情心，給予他人便利！

並不是每天都會有個罹患癌症的客戶找上門，但這不否定在不同情況下，需要有相應的措施或不同程度的彈性。沒有人會為了讓員工輕鬆一點而做生意，你事業上的成功，取決於能否讓顧客的生活過得更好。

優秀的同事兼演說家提姆．蓋德（Tim Gard，請去查查他！）對於遇到不靈活的規定，有一個絕妙的幽默解決方案。他隨身攜帶自己的手冊，記錄所有的守則，若遇到飯店服務生對他說「不」，並引用公司規定時，他會從口袋掏出這本小冊子，雙手捧著翻開到粗體字寫著「好」的頁面說：「嗯，我曾在這家飯店消費，他們說『好』，你看，清楚寫在這裡……。」飯店服務生滿臉困惑，然後大笑。大多時候，只需如此，飯店服務生就會讓步了。是很滑稽，但這樣做有效！

重點在於，僵硬死板的規定通常都不是好事。諾德斯特龍公司（Nordstrom）傳奇的顧客服務成功經驗，可以直接歸功於具備解決問題能力的前線員工。無論問題為何，他們一貫的答案都是「好」。他們被授予「把事情辦好」的自由，而且他們不需要經過經理批准。

對於一線員工而言，最省事的方法，就是面對一件麻煩事時，從「不」或「很抱歉，我們恐怕無法做到」開啟接下來的對話，那麼他凡事會變得很輕鬆。

真是大錯特錯！**授予你的員工權利，讓他們找到說「好」的方法**，怎麼樣？或者如果他們不得不拒絕，請他們提供能讓對方同意的替代方案。這麼一來，不只能拯救與顧客之間的關係，還成為解決問題的英雄。顧客會記得，而且他們還會以正面評價和未來的消費作為回報。

業務為何這麼做

許多企業會採用連鎖加盟的經營模式，把重心放在標準化處理方式，他們認為：若能標準化並掌控越多事物，就能處理更多瑣碎的業務，出錯的次數也越少；如果能減少偏離預期的情況發生的機率，就越容易管理生意、制定預算並支付掉成本所需的帳單。

然而，對成本管控的預測，意味著喪失機會去掌握未能預測到的情況。業者失去為顧客提供便利的機會（通常只是一般的需求），也同時喪失許多對業者的僵化規定心灰意冷的顧客。

顧客為何離開你

顧客不喜歡被拒絕。更糟的是，當我們希望被給予方便時，對方沒看到、拒絕看到或斷然拒絕時，會十分令人沮喪。在我們心中，給予簡單的方便是合理的。你不願意提供這樣的便利時，我們便認為你是不通情理的——顧客都不喜歡與不通情理的人做生意。

精準服務之道

把「不」從你公司的字典裡拿掉。以「這是我的榮幸！」或「很高興能為您這麼做」取代，創造解決問題並提供顧客方便的文化。這並不表示每個顧客都能以他們的方式獲得他們想要的結果，但應該要讓他們獲得些什麼。

把注意力放在找出問題，並向對方溝通你所能做的事。**如果你能提供替代方案或給予某種程度上的方便，人們通常便能理解你的難處。**

召集你的團隊，來一場腦力激盪吧。煮好咖啡、手機調成震動，並挽起袖子。檢視每一個無論熟悉與否的顧客互動情境，並討論所有你說「不」的畫面。把它們分成三類：一、必須拒絕；二、提供替代方案；三、找到說「好」的方法。把所有想法都寫下來，並置入三個類別之中，不管發生機率的高低，把所有情境都演練一番。授權給你的團隊，並讓他們具備立即有效應對不同情境的能力。

一起努力，不僅要預測不常見的情況，還要真的理解你的顧客、知道他們為何提出該請求、我們提供的彈性服務對他們的意義是什麼，以及讓他們滿意。

這項練習的價值在於過程：當我們幫助員工理解帶著多一點的微笑、彈性服務對顧客的意義為何，員工通常能理解並傾向這麼做。

別裝作一定能做到

我沒有資格談論飲食，只因爲我不是個營養師。

——九次奧運游泳金牌得主
馬克．施皮茲（Mark Spitz）

常聽到人家說：「弄假直到成真。」（Fake it till you make it.）這句話最單純的意思是，提醒有志邁向更高層樓的人，就要像更高層樓的人那樣做事，好精進你自己。我瞭解這種動機、意圖和抱負，**然而在商場上，「假裝」成任何情況的意圖，都是一條不歸路。**

「我們會找出方法的，相信我們，會找到完美的解決方式。」他們說。

雖然在某種程度上，一家公司願意盡其所能讓顧客滿意，並履行承諾是可敬的，但也得想想，難道不應該只在知道自己能完美勝任的狀況下接受生意嗎？把顧客轉介給懂得更多、有相關經驗，並能保證完成的人，會不會比較好（或者安全）？

說到做到，業務的第一守則

身為一個專業的演說家，常有人問我，能否演說與慣常講的行銷或顧客關係相關，但有些差異性的主題。如果只是針對特定產業而調整部分資訊，這是我時常為每個客戶所做的事，答案毋庸置疑是「好」！

但如果客戶要求連同主題都不一樣，例如領導、團隊合作、管理方法的調整或激勵，那麼我都會拒絕，並轉介給值得信賴、知道可以替他們搞定此事的同事。並不是我不具備這些知識或經驗，而是這類主題並非我的主要業務，講得更好的大有人在。

我當然也可以為他們更改演講內容，大部分會過關的，但表現不會太好。**我只想做能做得好、出眾的事。這並非自負，而是承諾。**客戶跟聽眾是為了我的出色表現而付錢，任何不出色的表現，會讓他們興趣缺缺，並且很有可能向其他人抱怨我。任何不夠好的表現，會造成我聲譽甚至生計的危險。

你若接下做不了的工作，就等同於搬石頭砸自己（及你的客戶）的腳。更貼切點說，當你試圖從你無法完成的工作中賺錢，還成功接下了這筆生意，可能會一瞬間自我感覺良好，但長期而言對你並沒有好處。最好的情況是，你能成功「脫身」，毫髮無損；最糟的情況是，客戶會覺得你詐欺，他們不會忘記，而且很可能告訴別人。

備受喜愛的好萊塢音樂劇《歡樂音樂妙無窮》（*The Music Man*）述說哈洛德的故事。他遊歷不同城鎮，說服城裡的居民需要組一個男子樂團，好讓年輕人脫困。居民被說服添購昂貴的制服與樂器，但他沒有任何真正教音樂或帶領樂團的本事。待被識破詭計時，他已前往下個城鎮。

最後，一個四處討生活的生意人，認出這個自稱為哈教授的人，並告知鎮長。他終於被捕，不得不面對所有受他欺騙的人。

當然，因為這是音樂劇，所以具備贖罪、愛、歌舞與快樂結局這些元素。但在真實生活中，表現不佳的人會更快被識破，並且付出沉重代價。今日，網路是指認表現不佳者最快的工具，在諸如Yelp、Tripadvisor、AngiesList、HomeAdvisor、Rotten Tomatoes、Glassdoor等等具備評價功能的網站協助下，我們共享正面及負面的評論。如果你在任何地方的表現不夠格，就會有人把你的「事蹟」告訴所有人。

當然，網路上的評價並沒有經過真實性考核，可能也會有惡意的負評，對你的生意造成負面影響。直至撰寫本文之際，還沒能出現過濾這種資訊的機制。

網路世界就好比狂野的美國西部：精彩的、過譽的、精準的及渲染的故事，各種都有。而雖然你無法保證評論的正確性，但你幾乎能保證那些覺得受到不周服務的人，會分享他們的不愉快。糟糕的經驗會一直流傳下去，網路中的世界一直是如此。

那麼，在商場上最基本的層面是，顧客期待你言出必行，而你必須說到做到。招搖撞騙的人到處都是，從美國拓荒時代到處移動的賣蛇油人，到今日的假修屋頂真詐騙的案例——他們追蹤全美國的自然災害，承諾會修繕你的屋頂，然後幾天後就不見蹤影。我不確定如今的世界或媒體，是否讓騙子更容易攫獲我們的目光，但我們已學會警惕、習慣懷疑。

美國科羅拉多州丹佛市（Denver）的閃耀新機場，在一九九五年二月啟用時，大家終於鬆了一口氣。機場卻比原定計畫的時間晚了幾年，甚至在所有工程完工後整整十六個月才開放。它擁有華麗的帳篷式屋頂結構，及最新的、最先進的行李輸送系統：二十七公里長的軌道與八公里長的輸送帶。這嶄新獨創的行李輸送系統，聲稱能藉由汰除傳統的拖輪與手推車，以提升速度與效率。

結果不僅新系統不能正常運作，造成各種行李在輸送過程中遭毀損。推車互撞和其他設施失常的畫面，還被全球各地的新聞台不斷播送。BAE系統公司（BAE Systems，今已破產）埋頭解決問題的過程中，這座新機場無法營運的時間共十六個月，而且每天都得向丹佛市支付超過一百萬美元的費用，但他們最終無法修好這個系統。賣食物的小販也因為必須支付供應商設備的錢，卻沒有營收來因應，大家都虧損了。

很多人得為此負責。BAE系統公司賣了一個從未建造過、但他們自以為可以交付的系統。這座城市在一項未經驗證的炫麗技術上押了重注，而位於丹佛這個交通樞紐的航空公司，則指望這個新穎、昂貴的系統能為他們帶來競爭優勢。

口碑行銷——任何商家都不可忽視

另一個與旅遊相關的例子，是航空公司以他們不穩定的設備，應付每天的機上無線上網服務。我的疑問是：若無法保證能持續提供服務，為何能合法販售這項服務呢？

「抱歉，這看起來是無法連線了。」忙碌的空服員會聳聳肩這麼說。她與整班沮喪且有工作待處理的商務乘客，一起被困在同班飛機上，她只能對每個人做出同樣的回應，並已經歷多次練習。

這種沮喪是源於，乘客已經完成付費後才發現不能使用。航空公司只是把錢收進口袋裡，卻不提供服務。也就是說，有人以「不」回應我們，已經足夠令人生氣了，甚至是在付了錢才被告知：「對不起，雖然付了錢，但你得不到購買的服務。」這真是會讓人憤憤不平。

雪上加霜的是，對方還要「我們」自己上網、搜尋退款規定、填寫「他們」提供的表格，並申請退費。責任就這樣轉移到不受重視（被坑了）的顧客身上，讓顧客自己去解決公司應當解決的問題。航空公司心知肚明，絕大多數乘客不會為了申請八．九九或十七．九九美元的退款，而花時間上網瀏覽程序。顧客不滿或生氣是正常的，畢竟商家未能提供已經承諾的收費服務。

這是第一世界的問題？當然是！但別劃錯重點。重點不是我們應該減少抱怨，以感激在奇蹟般的飛行之際能享有網路連線，而是指「商業與合約」這件事。

如果你提供了這個選項也收了費，就必須確實提供服務。如果無法提供該服務，就不應該對此收費。你的事業當如此，我的亦然，否則就是詐欺，應該受到法律約束。（喔對，也確實存在這樣的法條。）

通常，對象為臨時性或選擇受到限制的顧客，這類商家提供的服務或產品，較能夠僥倖逃過業績不佳的懲罰。換句話說，商家知道顧客很可能不會再度光顧或無從選擇。

例如在遊樂園裡，顧客得接受商場所販售的高價格食物，因為沒有別的選擇。觀光勝地或機場的餐廳，可以不在意差勁的服務態度評價，因為顧客很可能不會再回來——他們是這樣自我建設的。但在今日的網路世代，即便是這些商家，對於顧客不滿的經歷也會受到影響。

於此，要傳遞的訊息很簡單：**保證獲得糟糕口碑的最快路徑是不兌現承諾。增加失敗機率的方式，正是去承諾提供你不夠格或沒有能力提供的東西**。

有一則真實故事，一位先生在某場演講後向我走來，告訴我一個關於他的故事。他的父親是一九四〇年代，拉著皮箱四處兜售的銷售員，他會在皮箱裡裝滿女性內衣，開著車去全國各地的女裝店，一家一家店造訪拉訂單。偶爾，他父親會帶上他一起，承諾若生意好要帶他去餐廳用晚餐，並住在飯店住一晚（在那個經濟蕭條時代，可不容易）。於是他總是乖乖看著父親賣東西並聽著他推銷。

有一次，一間小店鋪的主人看上某件內衣，打算一次訂兩打。意外的是，他父親告訴她：「訂一打就好，之後還需要更多的話，打給我，我會送過來。」

當時還是男孩的他，事後問父親為什麼要拒絕大筆訂單，父親回答：「兒子，我瞭解這些產品，知道她短時間內不可能賣掉全部。而六個月後我還會經過這個城鎮，如果到時還沒賣完，她會認為我的產品不夠好，就再也不會再向我買了。所以我寧願賣她所需要的量，而不是我需要她買的量。但如果我可以履行所承諾的事情，她日後就會一直跟我訂貨。」

精彩的一堂商業課！如果你打算明年以及後年還繼續在商場上，就打持久戰吧，只賣你能交付的東西。

☹ **業務為何這麼做**

大家都渴望做生意，因為我們有帳單要繳、我們需要工作。我不認為大多數無法履行承諾的人，是一開始就意圖這麼做的；反之，大多在商場上的人，是真心相信自己可以協助客戶度過困難的。

但事實是，並不是每一個有相關經驗的人，都有能力以高標準為他人提供服務。例如僅僅因為社交媒體上的貼文獲得數百個讚，並不代表你就是個可以幫助公司拓展事業的社群媒體行銷專家。

只有在你成功地完成你所允諾的工作、在市場上展現你的能力與專業知識後，你才會成為一個專家。

☹ 顧客為何離開你

顧客們信任你，但你沒有像他們所期望的那樣做。你聲稱能夠做到，但事實上無法達成。我們聽夠這些話了。

精準服務之道

別追求或接受任何你無法以非常高標準完成的工作。最起碼，與另一個擁有必要經驗、資源及能力的專業人士或公司合作，以確保客戶滿意。

如果你想拓展服務範圍，那就接受訓練、打造自己的新技能，或追隨專家學習。接受一項任務的交付之前，別只是推測，要知道長遠來看，賺大錢的最佳途徑，就是拒絕那些接受短時間內無法勝任的賺錢機會。**畢竟失去一筆生意，遠比失去你的聲譽好得多。**

顧客忠誠被「自動化」的流程，判了死刑

瞄準盡可能小的受眾，而非最大的受眾，因爲前者強大得多。

——賽斯・高汀（Seth Godin）

垃圾郵件為什麼淹沒我們？

不過就一個世代以前，收到郵寄的信是件令人期待的事。會不會是搬到遠方的朋友來信？會不會是親戚從海外寄來的明信片？無論是一張感謝函、一張婚禮邀請卡，都令人期待。

但很快地，那些對社交信件的熱切期盼，就在信箱被其他東西填滿後，漸漸被磨滅。帳單開始找到那個神聖的空間，把信件擠了出來。之後，前往信箱的路途佈滿恐懼，因為我們知道裡面有什麼。緊接著大量廣告傳單，從報紙和電話簿上偷渡到信箱，我們收到的信件不斷成長，直到「垃圾郵件」變成大眾熟悉的詞彙。

網路和電子郵件帶來驚人的效率與省掉鉅額成本。「既然我可以在線上設計並寄電子郵件，為何還要花幾千美元印製並郵寄宣傳廣告呢？」企業主自問。的確，寄電子郵件給數十萬潛在客戶，比寄平信給住附近的人要便宜得多。「有什麼缺點嗎？」企業主問。

嗯，其實並不需要火箭科學家來預測事情走向。以往丟到垃圾桶裡的廣告信件，已轉型成電子信箱裡被直接忽視並刪除的「垃圾信件」（spam）。而這還沒算進那些被垃圾信件過濾器篩掉的呢！

所以，這一切都導向一個問題：如果你對於大量不受歡迎的電子郵件轟炸感到厭煩、沮喪，那麼為何你會以為你的潛在客戶，對此有正面影響？

這種關聯是無可辯駁的：**自動化與效率的提升，使交易降低了個性化與真實互動的機會**。更糟的是，大量的電子郵件令人感到沮喪無力，甚至敵意。

在此，需要澄清的是，並非所有的信件往來都是為了創造更深的聯繫。通常，主要的驅動力是效率與加速溝通。以電子形式發送每個月的帳單、電子信件或雜誌，是很省錢又有效率的遞送方式。家中或辦公場所，即時的銀行詐欺警報通知，也是善用電子通訊的好案例。

你可能因為使用了新的顧客關係管理（customer relationship management，簡稱CRM）系統，得以對數千、甚至數百萬名目標潛在客戶發送電子信件而欣喜，但你要知道，接收端完全（痛苦地）知道，這些訊息不是只寫給他們。當然，你也可以用信件合併（mail merge）的功能，毫無誤差地寫對他們的名字，但訊息是廣發給大眾的，我們都知道。

通常，你的目標是得到進一步的回應：潛在顧客能以電話聯繫、造訪網站或甚至親身至商場造訪。但通常只有零星的回應。

此外，根據統計，制式化的商業明信片或手冊回函的回覆，期望值是百分之四，廣告商願意接受這麼低的回覆率，證明其印製與運送成本相較之下是合理的。

這個數字在某種程度上是撒網的作用，不是每個人都需要一台新的烘乾機、更換窗戶或治療脊椎。百分之四的回覆率是個好數字，反映了準確的人口定位跟有效的訊息傳遞。任何高或低於這個數字，都表示出你在這兩個變因上掌控得好或不好。

與其招人厭惡，不如都不要做

廣發的電子信件，其回覆率只是問題的冰山一角。雖然因為電子信件的成本之低，令你可以接受遠低於傳統郵件的回覆率，但你正錯失更大的版圖和更大塊的餅。換句話說，你知道你以為的成本效益提升，它們的代價是什麼嗎？**為了有效接觸到那千分之一會回應的人，你是否把其他九百九十九個潛在客戶都一股腦地推掉了呢？**

你如果以更個性化的方式接觸潛在顧客的話，可能早已和他們搭上線。但真相是，你廣發電子信件時，並不知道有多少潛在客戶，因此他們如何忽視、厭煩並刪除你的信件，也無從得知。（有時無知不是福氣，是獲利的損失。）

問題是，你有成功到招惹得起百分之九十九的潛在客戶嗎？

每年，我都會收到數十張來自朋友、客戶、商業夥伴，甚至是忠實粉絲的節日賀卡。我的員工很盡職地將這些卡片展示在辦公室，我們很感激那些對我們致謝，並在歲末抽出時間問候我們的人。然而，令我訝異的是，約莫有三分之一是制式化成品。

讓我澄清，這些卡片很美、也囊括精巧設計與溫暖情感，但卻沒有真的簽名。通常，只有公司名稱或者預先印製上去的負責人署名。我知道這通常由一名員工在網路上訂購卡片，然後上傳一份郵寄名單，以便列印寄送。

一家公司花費這麼多精力和金錢，寄送珍貴又溫暖的問候，為的是建立關係與表達感激之情，卻為何選擇最省時、經濟的方式來傳達呢？這就好比請助理為你的小孩買一個生日禮物，或用程式自動回覆「謝謝」給每個生意上有往來的人。這當然很有效率，但你卻丟失了真正要傳達的心意。

老實說，與其採納會招致冷嘲熱諷或頻頻搖頭的方式，還不如都不要寄賀卡。寧可什麼都不做，也不要讓你的顧客覺得你很小氣又沒有人情味。

你上一次收到手寫信或手寫感謝函是什麼時候？或者這麼說，你上一次寫一封信是何時？我不是建議你用大量手寫信取代廣發的電子信件，而是說應該多做前者，少做後者。根據客戶在你公司中的價值，耗時兩分鐘的手寫信箋或甚至五分鐘的客製化打字信，都會大大影響收信的感受。

諸如infusionsoft（註：自動寄發的客製化電子郵件系統）這樣的產品，以及其他的電子信件行銷平台，的確能讓你有效接觸到大量顧客與潛在客戶，但我想提醒你去思考使用這些工具的原因為何。我認為，**這些工具用在早已經知道你、喜歡你的人身上相當有效，但若用在你希望未來一起合作的對象身上，卻起不了什麼作用。**

道理說穿了很簡單，別把時間金錢花在會對你以及你的生意產生負面效果的事物上。用語音電話打斷我享用晚餐的政治人物，會失去我的支持。（真的有人會因為罐頭語音電話而改變政治立場嗎？更多人會覺得反感吧！）寄送制式化信件的商家，令我提不起勁；在社群媒體上把我和無關的人標記在一起者，會被我解除好友關係。我純粹不想與那些亂槍打鳥的人共事，或成為他們的顧客。

你覺得我太以個人偏見看待這事嗎？請相信我，並不是這樣。事實上，我只是毫不在乎那些不關心我的人，幾乎不會去想到他們。但你的目標不正好相反嗎？你不是想拉攏我、引起我的興趣，讓我跟你聯繫上並回應你嗎？商場就像校園生活，有選擇的時候，只與我們喜歡並信任的人交朋友。我們信任的是那些花時間瞭解關於我們的事、對我們有話直說，並感激我們投注時間的人。我們喜歡也喜歡我們的人，而喜歡我們的人不會發垃圾信給我們。

巴納姆（P.T. Barnum）的著名觀點是，每分鐘都有一個傻瓜誕生。真相是我們很少回應你廣發的行銷內容，因為我們不想當那個每分鐘誕生的傻瓜。我們不希望你以為我們會買單你的行銷或騙局，無論你的推銷是詐騙或以任何像是詐騙的方式出現，通常我們都視之為詐騙。

簡而言之，為了省時，我們把你的推銷信件連同其他垃圾信件一起清除掉，甚至幾乎不花時間讀。

業務為何這麼做

你廣發電子信件是為了節省成本和時間，簡單明瞭。你受到技術與效率的誘惑，催眠自己說：信件合併的功能可以讓信件看起來宛如客製化一般。但相信我，顧客會看出端倪，知道信件中並不包含他們感興趣的資訊。雖然獲得的回應，往往使你更堅信投資報酬就經濟面上來說是值得的。

你覺得能花更少的時間、更少的錢，自動觸及到更多人：電子信件廣發給數十萬人；用罐頭語言電話給無數人，卻幾乎不佔用任何員工的時間。這看起來是聰明有效的做生意方式。精打細算的人很歡喜，你的平均成本下滑，觸及的大眾數量卻史無前例地多。然而……

顧客為何離開你

很簡單，因為我們被滿滿的垃圾信件淹沒了。垃圾信件太多，我們又快又頻繁地刪信，那些餵食我們垃圾資訊的信（也許不是你的本意，但肯定是我們的看法）不只是被丟在垃圾桶裡，還被歸類為惱人與擾人的事物——而你必然不會想要被貼上這兩個標籤。

「為什麼某某人總是寄垃圾信給我？」我們這麼想，然後若日後有機會實質接觸時，我們對你早有成見。

精準服務之道

1. 取得平衡：在「效率」與「有效」之間取得平衡。「有效」並不是指你能觸及到多少人，而是指多少人會對你的品牌持正面感受，並以你希望的方式接收到訊息。這會使你的潛在顧客產生興趣，促成你們的聯繫、互動與買賣。

2. 客製化：在只是想告知或提醒對方時，可以用制式化的方式執行；至於想要教育、說服、啟發或懇求他人時，請盡可能客製化。傳達你的真心，努力便會獲得應有的報償。

絕對不要關上門，因為線上無休已成趨勢

機會不會敲門，只會惡作劇——按完門鈴就開溜。

——佚名

以前，我們想要買東西時，得開車到一個商場，停車、走進去，然後找到要買的東西。接著，帶著我們挑的東西到櫃台，讓店員輸入條碼到收銀機。我們得提前規劃行程，以確保在營業時間內抵達。要是商場關門了，得等到再次開門營業才有得買。當時商業行為需要業者或員工本人在場。

二十世紀早期，型錄讓住在偏遠地區的人，得以如都市人一般地輕易向大型商家訂購

商品，諸如Sears Roebuck、Woolworths、Montgomery Ward等等。雖然省去了舟車勞頓，但代價是漫長的等待——通常要等上幾週，商品才會送達。

十九與二十世紀的大部分時間裡，把錢存進銀行，能使我們辛苦賺得的錢獲得保障，但也有代價：銀行的營業時間內才能領錢。之後，個人支票與信用卡能替代錢使用，但我們領錢仍受限於銀行的營業時間。如果你想要現金，就得在銀行有營業時去領。

終於，自動櫃員機（ATM）於一九六七年問世，並於一九七〇年代首次普及，這是一場革命。讓人們得以在晚上及週末領錢這件事，改變了我們的生活。嗯，至少口袋有錢，解放了我們的週末。也不是說我們在這之前不能在週末花錢，只是都得事先安排。

甚至「週末營業」在當時也是相當新穎的概念，除了餐廳跟電影院，許多店家向來都不在週末做生意。但業者漸漸發現，與同行相比，延長營業時間擁有了可觀的競爭優勢，大家無可避免地群起效尤，使週末營業變成常態。

24小時營業時代來臨，最快聯繫者搶下生意

克服了週末、夜晚後，商家得以全天候營業，歸功於二十四小時服務的網路時代來

臨。你不只可以隨時連上商家網站，電子商務工具的出現，也讓你可以在網路上安全購物。儘管大多公司在下班後提供產品及服務的速度緩慢，但賣家眾多，不難找到備案，哪怕是在凌晨兩點。

關鍵在於，我們如今身處一個截然不同的世界，期待可以在任何時間取得想要的一切。大多情況下，我們也能夠取得。如果無法從你的店家購得，我們就轉向你的競爭對手購買，就這麼簡單。

當你隔天營業、捲起窗簾開門時，我們已經離你而去了——因為前一天晚上，已經從別人那裡買到東西或獲得協助解決問題了。當需求已經得到滿足，我們早已離去。

我們不厭倦徹夜上網，一旦有想買的東西，就有辦法找到賣家。如果無法馬上聯繫上你，就會迅速找上別人。例如家中需要修繕時，我們通常會雇用第一個接聽電話的那位。沒錯！就是這樣，即便對方只是剛好接聽到這通電話，不評估優缺點就立刻選他了，我們就是這麼不耐煩。就算留下語音留言（很少這麼做），在你回覆時，我們多半已經找到別的店家，完成購買或服務了。

據估計，今日有百分之十五的公司行號，採用二十四小時服務的商業模式，去服務他們全天候連線的顧客。

深夜上網需求有其正當理由：孩子躺上床後，爸媽們終於有自己的空閒，想抓緊時間做點事情；學生們常在深夜做研究或在社群上聊天；企業家挑燈夜戰，好處理白天的商業問題，或是隨便一個失眠的人瀏覽電子信件。不要以為這只是電視劇上的情節，這可以是我們當中的任一人，有時，是我們所有人。

身為一位國際專業演說家及商業顧問，我沒有停止營業過，從未！來自潛在客戶、顧客的電話或電子信件，全天候從世界各地送來。**這不是指我的團隊從未休息，我們不會讓來電打擾晚上時光或深夜睡眠**，但如果有來自新加坡或杜拜的潛在客戶，想要在凌晨兩點通話，我們會安排專人與他們通話，或至少很快能獲得回應。

我們很清楚，任何人都不是他們唯一考慮的講者或顧問，但如果快速回覆，通常都能取得這筆生意。在我服務的許多案例中，顧客曾經考慮過的業者都會失去競爭機會，因為我們會搶先做出回應，並且在他們收到對方訊息之前，就已經敲定生意了。

善用新科技，給顧客「直接」找到你的管道

令我震驚的是，許多公司雖然在網站上放了聯繫表單，但除此之外沒有直接聯繫的方

式。且大多潛在客戶不願意填寫表單，就算他們這麼做，回覆之際也往往為時已晚。潛在客戶才不會耐心等候、仔細權衡，然後數天後主動聯繫。不是這樣的！**他們會立刻找一個符合他們需求的專家或供應商，然後停止搜尋。**

令人難以置信的是，有許多公司在網站及名片上附上電話號碼，但無法在辦公時間之外找到人。澄清一下，你完全有權利劃清工作與家庭、義務和私人時間的界線。只是當你關起門來時，其他人會得到你的客戶，只因為他們能在潛在客戶想要聯繫時在線上。這是你可以自己取捨的問題，我對此表示尊重。

然而，為了保有家庭時光，停止營業真的是唯一選擇嗎？你是否研究過在你的網站上加裝線上聊天（live chat）功能？你是否充分瞭解有種新技術，可使虛擬員工接聽電話時，有如專人對答的境界？你是否考慮過採用一些電子商務平台，以允許某些型態的線上採購？

我取得了平衡。我的家庭時光是非常神聖的，但我事先做好安排，確保沒有任何客戶會僅僅因時區的差異而流失。我的家人也明白，我比多數人擁有參加孩子學校活動與調整行程的彈性，但代價是下班後的電話或偶爾中斷的晚餐，不過那也可能意味著，今年會有一趟爸爸能參與的酷炫旅行。

現今，全天候做生意，不只是因為你的潛在客戶晚上都不睡覺，更是因為你的潛在客戶很可能遍佈全球。他們在你工作的時候睡覺，在你睡覺的時候買東西。從衛星拍到的地球空拍圖來看，人們晚上睡覺時，一串串明亮的城市燈光開始變暗，而網路上總是活躍，充斥著活動、需求、瀏覽量、貼文和購買。現在，你還能選擇要不要參與，但很快地這將會是必要的。我堅信你可以藉由與顧客充分保持聯繫，而獲得競爭優勢——永遠都行得通！

一九七〇年代，特百惠公司（註：Tupperware，以塑料食品容器知名於全球的美國家居用品品牌）點出了他們的全球影響力，並聲稱「每個白天或黑夜，世界上總有個地方、有些人在舉辦特百惠派對。」

如今，同樣一句話適用所有行業。數十億人時時刻刻都在購買——歸功於網路。但他們能從你這裡買東西、聯繫你、問你問題、搜尋你的產品或服務，並在任何他們想要的時候，從你這裡獲得他們想知道的一切嗎？如果不行，你將被能提供這些選項的競爭對手比下去了。

就算你的行業向來沒有二十四小時服務的傳統，例如牙齒美白、稅務諮詢、隆胸或汽車銷售，但最起碼，潛在客戶要能在他們想要的時段取得資訊、預約或付款。

盡量不要讓我們等你開門營業，我們不會這麼做；別要我們留訊息，我們不會這麼做；你為其他顧客服務時，盡量不要讓我們等候，我們不想等待。我們不是魯莽，而是很忙。這不是針對你，我們只是不需要你。

業務為何這麼做

多數企業設定特定營業時間出於三個原因：一為商業模式不適合延長營業時間，二為辦公時間額外的人事成本令人望之卻步，最後是需要在工作時間與家庭時間之間劃清界線。很簡單，就是需要休息跟抽離工作的時間，我明白了。

但大多數的商業人士，根本沒有花時間去思考替代人力與快速回應的方法。不管你是擔心成本問題，或單純不知道有許多選擇。反正工作日結束了，該打烊了！

☹ 顧客為何離開你

近年來，我們已經習慣了無論產品、商家或資訊都唾手可得。如果我們凌晨兩點想要什麼，亞馬遜會在一天——甚至更短——的時間內送來。如果我們需要事實與數據，會上網Google、問Siri或Alexa。我們需要你的時候你若不在，就代表你對我們說「不」，但我們不喜歡被拒絕。我們在找最潮的，但你彷彿來自一九八五年。

更好的途徑

想辦法在你的顧客及潛在客戶需要你的時候騰出空，有許多其他安排人事的方法可以替代你本人。通常，為顧客在非傳統營業時間服務所帶來的額外營收，會大於額外的成本。

或是在你有充分資源能全天候待命之前，找到起碼能快速回應的方法，例如聘請海外員工提供線上客服，以支援週末與晚間營業時間。如果顧客必須留下訊息，須以視窗告知保證回覆時間並慎重以待。或提供多種支付選項以允許下班後購物，只要一個點擊就能預約特定的時間通話或見面。

關鍵在於，從不可避免的轉型期過渡到全天候待命模式（已經有人這麼做了）的時間越長，你就越可能得苦苦追趕那些已投資，或已計劃延長營業時間的領頭羊。看，又一個潛在客戶出現了，別眨眼！

別高不可攀，要讓顧客隨時找到你

我撥打了自殺防治專線，卻忙線中，不知道這是否是時代的象徵。

——卓伊．詹姆士．威佛（Troy James Weaver）

為何我需要用整整一個章節去談論「不要太難聯繫上」的簡單宣導？這件事聽起來很基本，而且不言自明。但事實上是，企業總是直接又隱晦地，在他們與顧客之間製造障礙，這會傷害忠誠度，也留不住顧客。因此更深入地探究是必要的。首先，提醒一下人類的本性。

自人類誕生以來，我們一直渴望解決問題。對早期的人類來說，那些問題即為覓食、保暖、預測危險、保護家人。

隨著時間的推移，我們用智力、工具和資源來找出答案。有些問題很基本，但也有些要耗費畢生追究。「回答問題」推動著人類這個物種前進。我們遇到問題，然後找方法解決。我們變得更好、去發明物品、提升家庭與全人類的生活。找不到答案時，我們會更加努力地尋找、變得更足智多謀，然後再努力去找到方法。我們對找出解答的探究，延續了生存，也成就了成長與文化。

但若是只有一種來源可以找到緊迫問題的答案呢？要是你確實需要答案來解決重要問題，但只有一種取得方法呢？例如你需要瞭解關於健康保險的問題，但取得答案卻需要拿著電話操作語音系統一小時，而在這一小時後，還無法保證會有真人接聽電話呢？

語音、表單、不回覆的信件＝流失中的顧客

如果你正在考慮購買一件昂貴的商品，但該商家拒絕提供電話號碼或電子信箱，所以你無法直接與他們聯繫怎麼辦？那家公司也許只提供了一個聯繫表單，只接受簡單的文字訊息。你還會欣賞這家高檔的零售店家嗎？

這種二分法既鮮明又深刻地影響人們：**業者有一長串的理由想要限制與顧客直接接觸的機會，但顧客幾乎總是想要與真人交談**。業者只是不想讓你用你想要的方式聯繫他們，但他們的確想要跟你做生意。他們一邊說著十分感激顧客，但礙於客服專線人手不夠，總是讓你等上……好長一段時間。

在商業行為上，言行不一使得一切失去意義。我們對業者的指控顯得憤世嫉俗，因為這種錯誤俯拾皆是。最糟糕的是，很少業者會知道他們犯了這種錯。他們總是覺得被抱怨的是別人，絕對不是自己。真的嗎？你是否該重新思考自己是否犯了類似錯誤。當你打電話給別人時，會等到第四聲響起嗎？大多數人會掛斷。所以，現在就拿起電話並跟你的顧客通話！在你的公司，接聽電話是誰的職責？是每一個人的！就像在你的公司，撿起地上的那片垃圾是誰的職責？每一個人的！

你是否強迫你的顧客或潛在客戶接受冗長的語音系統，直到他們找到要找的人或部門為止？他們是否得聽完一長串有的沒的指令，然後「按6」再「按4」接著再「按8」後才能留言？這兩分鐘的沮喪通話，可以由真人在十秒內替代嗎？（答案是可以。）

你的網站上是否提供了顧客需要的電話號碼？他們可以直接從首頁找到你的聯繫資訊嗎？（但如果你在網站上附上的電話號碼，得歷經幾分鐘的語音系統，那就不算數！）

你的網站是否將人們導向聯繫表單，卻沒有一併附上電話號碼與電子信箱？**如果你只附上聯繫表單，你正流失九成的潛在客戶！他們就是不會填你的表單，沒人會想填聯繫表單。**你都不想了，為何還要你的潛在客戶去填？掰掰，顧客！掰掰，營收！

你是否裁減客服人員，使得你的顧客得在線上等一兩分鐘？有好消息也有壞消息：好消息是你的財務長很開心，你省下了錢！拍拍手！壞消息是你的顧客不開心，你讓他們等待。唉，開心的財務長，不開心的顧客，看出哪裡不對勁了嗎？

你的電子信箱裡，是否有與工作相關、躺了三天以上的未回覆信件？我保證那些寄件人會覺得不受重視、受侮辱。如果別人向你伸手發問卻沒能很快獲得回應，那麼你就是很難聯繫的人。而且如果你有時間玩臉書，就有時間回信。

你的顧客與潛在客戶，是否有辦法在非營業時段聯繫到你的團隊，或有問題時能隨時獲得解答？你是否至少提供線上聊天支援或二十四小時免付費客服專線？即使你的生意並不適用不打烊的營業模式（像是地毯清潔服務或披薩餐廳），但你有提供非營業時段的緊急專線嗎？要是發生食物中毒或火災該怎麼辦？

你的網站上有「常見問題」的選項嗎？你是否把它當成避免被不斷問重複問題的工具？你是否意識到顧客討厭花時間去找答案？特別是他們知道你明明可以快速回答問題的

時候。

當然，你的員工已經厭倦一遍又一遍地回答同樣的問題。沒錯，然後呢？你的顧客感到受重視、被傾聽、對他們的問題被解答感到滿意，遠比你的員工不想回答重複問題重要得多，不是嗎？**如果不是為了服務顧客，你為何要做生意？**朋友啊，這比基本更基本！

時間取代價格的消費時代

電話線上每等三分鐘，我們的挫折感在「忠誠度被傷害」的層級就躍升一級。我們最初的困擾變成沮喪，然後生氣，最終我們會勃然大怒。接著，當我們終於能夠跟客服人員通話時，已經非常非常生氣。所以倒楣的客服人員，總是被迫一整天安撫沮喪又憤怒的顧客。你知道我在說什麼，你也有過這種罪惡感嗎？

如果你很難聯繫上，專業的線上供應商，或提供更方便服務的業者，已經對你們產生威脅，因為如今不一定透過你們才能買到商品。線上二手車交易平台Carvana（註：線上二手車零售商，以其汽車自動販賣機而聞名）已經不必透過汽車銷售人員買賣車；E-Trade（註：電子交易平台，提供在線銀行業務和現金管理服務）讓我們得以略過各種金融仲介商；借貸公司 Quicken Loans 讓我們不出門就能找到抵押貸款。所以，如果可以繞過這些仲介商，為何應該苦苦等你回電？

此外，還有延遲回應的問題。

「一不留神，機會就溜走了。」這句話從未如此適切。要怪就怪你的顧客越來越不耐煩，或者他們想要或需要的大部分東西都能立即得到。無論如何，購買方式已經與過去不同。

過去，顧客會花時間探索不同選項，從不同的供應商取得數量或價錢，然後做決定。因為不想錯過更划算的機會，顧客不會快速做決定，當時價格是主要驅動力。

如今，在許多情況下，時間已經取代價格成為決定購買的主要驅動力。並不是說價格不重要，價格一直都很重要。但今日商品售價已經普遍具競爭力，在價格幾乎一致的時代，能更快速提供服務的人，通常就能在這場戰爭中勝出。

商家的反應能力跟權宜之計，與顧客心中的偏好直接相關。同前文提到的，大多時候，潛在客戶不會等到全部選項都擺在眼前才做決定。第一個回覆的人很可能拿到這筆生意——只要價格合理。

這在 Craigslist 的網站每天都在上演。當你在 Craigslist 上聯繫多個服務供應商時，總是會有一個反應比其他人都快。如果這個賣家，能在你想要完成的時間完成工作且報價合理，他通常可以取得這筆生意。如今的世界，有太多一不留神就錯失的機會。朋友們，醒醒啊！

☹ 業務為何這麼做

大多數的人都會在商場上與他們的顧客保持距離，並非出於輕蔑，而是考量隨著公司成長，無可避免地會出現更多的需求而有的因應。

在早期沒有很多顧客時，很容易平衡經營業務和與顧客打交道的需求。但隨著業務量成長，顧客服務需求也一併增長，而顧客的種種問題常會讓我們「偏離主要任務」。我們限制關鍵員工的業務量，好讓他們不會被瑣事淹沒。我們讓網站上的「常見問題Q&A」和客服人員，來回答討厭的顧客所提出的煩人問題。由於客服人員被視為支出項目，而不是增加營收者，所以我們嚴格管控他們的數量。

顧客為何離開你

我們心裡很清楚該解決的問題是什麼，也有希望的解決方法。或者，我們有一個簡單問題，但不在「常見Q＆A」之內。我們也相信，如果能找到一個能代表公司的人——真正的人，疑惑就會被解決。無法接觸到我們想要的人時……嗯，你知道這是什麼感受。

更好的途徑

在幾乎每一通令人沮喪的語音通話中，聽完冗長的語音給出九個不同部門的分機選擇後，我們會聽到：「如果你想跟專人通話，請按0。」一就是這個令人討厭的聲音！在你聽遍所有其他的選擇後，真人選項才會出現，明明可以不這麼做。

找一個方法幫助你重要的顧客（或所有顧客）繞過垃圾語音、找到真人。不管何時，要讓顧客用「他們」喜歡的方法與我們做生意。這並不容易，但他們的幸福、忠誠、滿足與回饋都會讓這件事值得。

此外，即使在後勤跟財務面上，不能達到無時無刻派駐充足人力的狀態，一定還是有比四十五分鐘在電話線上等待更好的方法。例如在忙碌的旺季配置額外的人力、提供線上聊天、高層輪流電話待命，好讓每個人都能輪流聽到及即時處理顧客的問題。

最後，在你的網站上，一定要有電話號碼跟電子信箱的選項。

出了錯勇於承認，別讓客戶不信任你

愚弄我一次，是你可恥！愚弄我兩次，是我可恥！

——藍道爾．泰瑞（Randall Terry）

商場上的謊言，會反咬你一口

過去，大家常說男人的握手形同合約，他的言論就是他的保證，一諾值千金（請原諒這種性別歧視的說法，但過去確實是這麼說的）。幾個世代以來，我們仰仗堅定地握手與眼神交流。你不會信任不知道怎麼握手的人，「死魚般」的握手無法贏得信任，會讓你們的關係沒有穩固基礎。

誠實是關係的基礎，個人與事業上皆然。如同在一百年前的美國西部不會有人提出訴訟，他們會拔出槍；人們不敢偷馬，因為怕被人說成是個壞心胚子、骯髒的偷馬賊，那會讓你被社會遺棄。如果在紙牌遊戲中耍老千，違規已構成射殺你的充足理由。與紙牌無關，而是關乎於詐欺與說謊，這是一個不成文但被廣泛理解的作法，而一個受尊敬的人不會這麼做，也不會容忍這種事。

有些人說，真相是棘手的。如果你問一個疑心病重的會計「二加二等於幾？」，他可能會反問：「你希望答案是多少？」

但在商場上，真相其實一點都不棘手，要嘛是真相，要嘛是謊言。灰色是危險的顏色。在哲學討論之外，真相都是明確的：如果你騙我們，哪怕只有一次，我們都會走遠。我們不會再相信你，而我們也不應該這麼做。

商場中，沒有善意的謊言，雖然在個人生活中也許有。我們可以讓某人對我們缺席（或不樂意參加）生日派對一事的感受好一些；你可以告訴一個兄弟，他穿那件襯衫看起來很帥；你可以很痛苦地看完孩子的話劇社表演後，對他說那是你看過最棒的表演！

然而，**在商場上，任何不說真話的事都會動搖顧客的信心，讓他們從此對業者保持高度戒心。**

需要說明的是，你可以因為避免他人感到尷尬（像是為了婉拒求職者或是保有與供應商的良好關係），而試著委婉地說：「專案規畫的方向與理想上並不相同。」等等。你單純想要避免他人造成痛苦或傷害，在實質上與不誠實是截然不同的情況。

至於事情出錯時，對顧客撒謊可能會為你贏得時間，直到你找到解決方案，但謊言最終會反過來咬你一口。**今天的商場上，一如往昔，誠實很重要。**為了避免你以為這勸誡是多費唇舌，想一下許多企業在無數面向上不誠實的作為，以及他們的下場。

如果你正在努力籌錢付款，請不要假裝你生病了，我們會起疑心（而且我們可以上社群媒體找到你）；如果你得延遲出貨，不要告訴我們工廠推遲了發貨時間，除非那是真的。不誠實的謊言，可能能讓你挽回面子，但長遠來說，你正在失去信譽。

很多情況下，事情可能偏離軌道。這多少會發生，我們理解。然而，當我們受到影響的時候——在我們等待購買的商品時、等待技術人員到來時、預期會從你那收到款項時，就很難那麼寬容了。即便是在這麼折騰的情況下，誠實不會是最上策，卻是我們唯一可接受的策略。

告訴我們你拖欠款項的真正原因，並告訴我們你何時會付款以及並信守諾言。如果交貨會延遲，要告訴我們真正的原因。

喬治．歐威爾（George Orwell）經典的反烏托邦作品《一九八四》中，政府透過控制言論來扭曲真相。主角史密斯在真理部工作，負責宣傳和修改歷史，他重新編寫過去的報紙，好讓歷史記錄一如既往地支持政府的發展路線。儘管他們實際上是以虛假的資訊取代真相，但大部分的人仍積極地隱瞞真相，並堅信此行為是在「糾正錯誤」。

今天，我們稱之為情感操縱（gaslighting）。這是一種蓄意操縱，試圖讓人質疑自己的記憶，佯稱他們所知道的並不是真的，好讓他們以為自己的記憶有缺陷。

名不符實的商品，令顧客失去忠誠

我們常在商場上看到這種情況。企業不誠實地展示自己的「價值」，希望我們沒有注意到。他們拉高售價，然後「打折」到相當接近甚至高於原本售價的價格，並告訴我們說這是撿到了便宜，他們希望我們太忙或分心而沒有注意到實情。他們減少內容物的分量並以原尺寸的容器盛裝、賣相同價格時，也預設我們不會注意到或不在乎。

有些公司會在包裝上標示非常低的熱量和不實的健康成分來唬弄我們，這是法律要求的標示，但只有在仔細檢查後，我們才意識到。例如：一罐可樂上標示的熱量需求其實是二・五人分，或標示為熱量兩百五十卡的起司，得乘以四才是整包食物所含的熱量。這不算是徹頭徹尾的謊言，但別糊塗了，這確實存在誤導或欺騙的意圖。

當航空公司不再提供食物、毛毯及免費行李托運，並轉個身把這些服務放在可選購的項目上，假裝能購買這些服務是為我們提供選擇，但我們知道這只是原地轉一個圈。業者藉由減少提供服務，甚至向我們收取那些服務的費用，好增加（或收回）利潤。他們稱之為聰明做生意，但我們說這是黑幕。我們也知道航空公司面對的是艱難的市場，但兜圈子讓我們不太願意為你辯駁。

我並不嫉妒任何一家公司獲得豐厚利潤。身為一個商業演說家兼顧問，我是個堅定的資本主義者。賺錢不是邪惡的：錢可以用來支付帳單、養活家庭、給嬰兒買尿布，還為房子提供暖氣。別兜圈子了，我們知道你在做什麼，而大多時候，也知道你為什麼這麼做。

生意不好做，你得要精打細算，我們知道。但把商品或服務以名不符實的方式呈現時，會漸漸失去信譽。每一次我們對你說的話或藉口翻白眼，就反映著我們又一次對你失去尊重與忠誠。

當你們的執行長在又一次的公關失誤後出現在鏡頭前，聲稱「這不是我們的錯」時，我們會翻白眼。這就是你們，我們不相信你們的唬弄，也有充分理由變成憤世嫉俗的顧客。

「我打電話來，是想確認一下訂單的付款狀態，我們上星期談過，你告訴我款項會在上星期五支付。」

「是的，不好意思。由於會計請長假，耽擱了支票的兌現，我們會在下週支付。對於溝通上的失誤，真是抱歉。」

是不是很耳熟？

「有飛往底特律班機的任何消息嗎？告示牌上說延誤二十分鐘，但現在改成延誤一小時？到底怎麼回事？」我們問登機門的服務人員。

「這班飛機出現機械上的問題，一時難以修復。」

「但另一位登機門的服務人員說是東海岸的天氣所導致。」

拜託，把你編的故事講清楚吧！在你說你愛你的「尊榮」顧客，卻讓他們每年越來越難使用辛苦累積的點數、紅利時，他們會有被誤導的感受。

如同在你跟我們說：「您的來電對我們來說很重要。」，卻讓我們接著在電話線上等了四十五分鐘一樣。

反向操作，透明所有價格——西南航空公司

我們已經習慣了吹噓的飯店房價跟虛假的機票價格。一旦他們把所有的著陸費、機場稅等等都加上去，真實價格可能遠遠高於先前的報價。用一個不真實的價格來引誘我們，對我們來說這就是欺騙行為。

西南航空公司（Southwest Airlines），巧妙利用這種航空公司與乘客間的不信任關係，更直接、誠實地對乘客公佈成本，他們將這轉化成合理的競爭優勢，宣傳自己的「TransFarency」行銷活動，高招！

別以為好的公關能力跟唬弄之間是可以相互替換的，當然不是。

優秀且合乎道德的公關，是公司與受眾之間的有效溝通。好的公關能力幫助顧客理解

公司想要表達的是什麼：明白、有效率、效果顯著。

唬弄則是意圖最大化本身想要達成的欺騙為目的。這可能包含刻意篩選事實、選擇性呈現對公司或個人有益的資訊，從而造成錯誤的看法，或製造出最恭維的版本。

最好的解法是選擇真相、透明化，並在任何可能的時候據實以告。絕大多數時候，是可以做到的。

☹ 業務為何這麼做

你之所以會撒謊或兜圈子、迴避或省略、欺騙或情感操縱的基本理由有：你把事情搞砸了，想要推諉責任；你意圖欺騙以獲取最大利益（誤導性的包裝或產品聲明）；你害怕完全誠實以告，會招致艱難的溝通（最常見的理由）；或你就只是個騙子（我希望這種案例極少）。

大多數的公司都不誠實，因為真相會讓他們看起來很糟。可能因為他們不願意承認產品的缺點或表現不佳，甚至無法或不願意達到應有的水準，所以他們找藉口。不管是哪種情況，他們都本能般地防禦武裝。問題是，我們太常被誤導或欺騙了，所以自帶測謊機的靈敏度被調到最高。

顧客為何離開你

這不僅僅是因為我們討厭被騙，而是若我們一旦對你的話起疑，之後我們會把你說的所有東西都過濾一次。所以，即使有天你變得完全直率坦蕩，我們也傾向不相信你。

信任是每一種關係的核心——不管是在商業上或個人生活中。在親密的人際關係中發現被欺騙時，我們會崩潰。同理，在商業關係上，欺騙或兜圈子，只會讓我們覺得很糟糕。這樣的感受並不會導向長久且友好的顧客關係。此外，在商業關係上，欺騙與表現不佳是兩大過錯，而有些時候，這兩者是相連結的。

更好的途徑

承認它。承認你的表現不佳，承認你的缺點。挺起胸膛、承擔你的責任，只要記得別重蹈覆轍。在組織中承諾會誠實、公開透明。放進你員工會議的議程項目，別讓它只是書架上活頁夾裡的文字而已。建立一個你或你的團隊可能面臨的情境清單，並提前商量你們會如何應對。

你的顧客會對你的坦率感到耳目一新、你的直率會非常有吸引力。好比西南航空公司這個成功的例子，有效成與競爭者做了區隔。

重點整理

- 以「這是我的榮幸！」或「很高興能為您這麼做」取代，創造解決問題並提供方便的文化。
- 別追求或接受任何你無法以非常高標準完成的工作。最起碼，與另一個擁有必要經驗、資源及能力的專業人士或公司合作，以確保客戶滿意。
- 找一個方法幫助你重要的顧客（或所有顧客）繞過垃圾語音、找到真人。不管何時，要讓顧客用「他們」喜歡的方法與我們做生意。
- 顧客會對業者的坦率感到耳目一新、有吸引力，西南航空公司就是個成功的例子，運用坦率有效與市場做出區隔。

業務筆記

NOTE

業務筆記

NOTE

第 2 章

該怎麼精準服務？細節差一點，差很多！

當顧客對你的服務不滿意時，他們不一定會抱怨，但會從此離你而去。唯有朝著「以顧客為中心」的方向，才能抓住精準服務的思維。記住，不是以你，或是你的員工為中心！

傾聽、改善：創造以「顧客」為中心，而非一成不變的SOP

滿意的顧客是最好的商業策略。

——麥克・勒伯夫（Michael LeBoeuf）

過度標準化的工作流程，讓我們失去了什麼？

一九八〇與一九九〇年間，對組織內部工作流程的過度分析，是推動商業流程改進的浪潮：「如果我們要變得更好，要減少錯誤、提高產能、增加利潤並增進顧客滿意度，我們要大刀闊斧改革。」他們說。

從六個標準差（six sigma）、改善法（kaizen）、全面品質管理（total quality management，簡稱TQM）、品質持續改善（continuous quality improvement，簡稱CQI）等等管理方法中，組織被要求去剖析每個流程、觀察每個環節，以發現或找出可以糾正、標準化、除錯或改善品質的地方。這是經專家建議且驗證過的，認為可預測的商業流程，可以帶來效率、工作表現、工作滿意度和利潤的提升。

依樣畫葫蘆，外部的工作流程也廣泛被設計成與內部一樣的思維：「如果可以引導顧客，沿著可預期的路徑進行購買與運送流程，就能增加他們以我們想要的方式互動、搜尋和購買的機會。」注意其中的關鍵字：「以我們想要的方式。」

而在這個計算過程中，被遺漏的問題是：「顧客偏好如何互動、搜尋、瀏覽及向我們購買？」

一家知名中型公司的執行長，聽了我在拉斯維加斯一場業界研討會上的演講後，聯繫了我的辦公室。他在我們的語音信箱訊息有點模糊，雖然名字與公司名稱都很清楚，但我的助理無法辨識電話號碼。於是我的助理造訪該公司網站，試圖找到他的電話號碼，但一無所獲。她也試圖找電子信箱，一樣找不到。唯一找到的是聯繫表單，沒錯，那網頁上可怕的聯繫表單。

避開聯繫表單，她使用向我聰明的同事山姆．瑞希特（Sam Richter，向他看齊！）學來的網路搜尋機制，找到聯絡資訊。我們通了電話，向他詢問為何如此難以聯繫上，以下是我們的對話。

「噢，任何人都可以找到我們，只需要填寫聯繫表單。」他輕率地說。

「但要是他們想要跟你通電話或是e-mail往來呢？」我問道。

「嗯，我們比較希望他們使用表單。」他重複說道。

「我明白，他們沒有其他選擇。但要是他們想要跟你通電話或是e-mail往來呢？」我再問一次：「為何不附上你的電話號碼？」

這是他誠實到不行的回覆：「哎，要是我們附上電話號碼，大家就會打給我們。」

「誰會打給你？你的顧客？」我不敢置信地問。

「噢，對啊，他們會整天打個不停。」他語氣中帶著惱怒地說。

「這難道這不是在告訴你說，他們想跟你做生意嗎？我的意思是，如果將買你的產品、付錢給你的人想要打電話給你，那麼為什麼你不讓他們這麼做？」我冷靜地問。

電話的另一端沉默。「但太多的電話會讓我們的員工偏離日常任務。」他說。

「配合顧客並快速回覆，難道不是每個組織的最重要任務嗎？」我問。

不用多說，這段對話開啟了我們兩個公司之間的友好商業關係。當然，這些問題的答案很複雜，關係到人事配置、職責畫分、流程、現金流以及其他需要考量的問題。但更宏觀來看，道理很明確，我們啟動「用我們想要的方式」與顧客做生意時，他們會做出以下三件事之一：勉強遵守、避開你的限制，或讓你失望。

該用誰想要的方式做生意？掏出鈔票的那些人

的確有些聰明且受歡迎的流程人人都愛，它們以顧客為中心：連鎖速食店設計的購買動線加快了主餐的選擇、提供客製化餐點的選項，以及採用讓隊伍消化得更快的付款方式，這令大家都樂於接受。宜家家居（Ikea）更重新定義了顧客體驗，精心設計了一趟參觀居家生活空間的路徑（旅程），最終以簡單的方式裝載並購買商品結束。

但當你設計的商業模式或顧客體驗是用來配合你或你的團隊，而未充分考慮顧客時，挑戰就來了。限制客戶的自由或選項、設立規定好讓你的人手不用那麼辛勤工作，這些就等同於，拿顧客消費在商品上的錢，來服務你的團隊好讓他們輕鬆點。還要記得，顧客不只是國王或皇后，他們還是王子、公爵、第三代伯爵……你懂的。

這不是說顧客永遠是對的，而是要小心確保你的方法沒出錯。**如果放棄了顧客可能想要的，而選擇你的團隊偏好的，那真是大錯特錯。**別迎合你的團隊，你可以待他們非常非常好，但該迎合的是你的顧客。這可能聽起來很刺耳，但付錢的不是你的團隊，是那些白花花的鈔票！

一場國際研討會演講之後，我和團隊一行人出外晚餐。主辦方安排我們在港口附近一家工廠改造的酷炫餐廳，佔地很大、空間寬敞。店長把我們領到四張靠得很近的桌子前，把菜單放在每張桌子上。

我們站了一會兒，思考誰應該跟誰坐在一起，最後決定合力把桌子併在一起，排成一張我們全部可以一起用餐的長桌。這時店長衝了過來，搖著頭把桌子拉開。

「你們不能移動桌子！」他厲聲說道。

「麻煩你，我們想要坐在一起。」我們當中的一員表示，並向他道歉，說明我們有十五個人，不想分開坐。

「我們不允許這樣，把桌子重新排回去很費事。」他重申，臉上掛著居高臨下的「真是抱歉」的神情。

於是我們離開，到對街的另一家餐廳。走向出口時，我們注意到餐廳有一半位置是空的。當然，這家餐廳看起來很漂亮、桌子都放在妥適的位置。他們想要用他們的方式做生意，我們也有我們想要的消費方式。對他們來說，員工的便利性更先於顧客的需求，不用重新排桌子，比讓十五個人坐在他們想要的位置更重要，真是瘋了！

這個要求並不過分，不合理的是他們！在那個簡陋的舊工廠餐廳裡，他們贏得了一場戰爭，也輸掉了戰爭。我再來舉另一個親身實例。

一所體操學院正與孩子們一起努力練習，這些嶄露頭角的體操生投入在學習之中。年輕的指導老師都是合格、熱情也喜歡孩子們的人。問題在於這個學院很難留住學生，每結束一個階段，到了註冊下一期課程的時候，之前參加課程的家長往往選擇退出。為什麼呢？

我受邀過來看看他們的狀況，我打算旁聽一些課程、跟家長談話、訪問員工，並協助診斷問題。

我在一個星期二下午抵達，走進大門後，幾秒鐘之內我就知道出了什麼問題，以及大批人馬離開的原因：標語——有些是印製的，也有些是手寫的——雜亂地貼在牆上，特別是家長等候區。

到處都是警告家長「不要」這麼做的標語：「不要在課堂上與您的孩子說話」、「不要在觀眾席用餐」、「我們不是托嬰中心！無法在課程結束的十五分鐘內來接孩子的家長，我們會收取二十五美金的額外費用」、「沒有在四十八小時前通知缺課，概不退款！」諸如此類。

我請中心主任解釋這些標語。他說：

「喔，那是給家長看的。」他對這個問題一笑置之。

「我看得出來，但用意是什麼？」我說。

「我們需要教導家長……」他回答我。

「等等，我還以為你的任務是教導孩子呢。」我說。

「是的，但是……」他的聲音越放越低。

「你們為何要對遲到的家長罰錢呢？又不是小孩得淋雨等候，他們就在大廳看電視或玩手機，誰會在乎一個孩子坐在那裡十五分鐘？」我評論道。

「這真的是尊重的問題。」他說。

「我同意！但為何你不尊重忙碌的家長呢？他們辛勤工作、把孩子託付給你，努力在下班後準時到這裡接孩子，在孩子跳舞或摔跤時準備或採買晚餐。責怪那些付給你很多錢，但可能會遲到的家長，是所謂尊重的行為嗎？」

他沒有回答。

「請再解釋一下那個寫著『別在觀眾席吃爆米花』的標語。」我要求。

「噢，那會搞得一團糟，員工還得去清掃乾淨。」他說。

「是喔，然後呢？」一陣沉默。

「讓我們釐清一下，你有一部爆米花販賣機。」我繼續說。

「沒錯。」他回答。

「你賣爆米花給家長，他們喜歡並跟你買，但不被允許吃剛剛跟你買的爆米花。」我諷刺地說。

「他們可以吃啊，只是不能在觀眾席。」他說。

「但那是家長想要待的地方啊，因為可以看到他們的孩子！你服務的對象是誰？員工還是付錢給你的顧客？」我說出了顯而易見的事實。

顯然，他們把讓員工輕鬆工作置於比服務顧客更重要的位置。孩子們在這裡玩得盡興，但家長們肯定沒有，而他們才是掏錢付學費的人！（或者在這個例子中，是決定不再掏錢付學費的人。）

簡單說，解決方式就是把標語撤下來，全部！員工一天清掃兩次，不過是他們職責的一部分罷了，也是販賣爆米花、披薩等食物該付出的代價。別再責罵父母，取消那些不會直接影響孩童學習或安全的限制。讓受孩子歡迎、滋養他們的地方也變成父母的天堂。無庸置疑，再註冊率會因此而有所提升。

一旦你過度或甚至只是些微地囑咐顧客，該用你想要的方式做生意，他們便會感到沮喪甚至離去。例如，你提供自動結帳櫃台，卻意圖減少傳統結帳櫃台的員工，因為「你」希望顧客自己結帳，而顧客會對於缺乏選擇而感到沮喪。

或是他們想要坐在餐廳前方用餐，但「你」告訴他們，現在人數不夠多不提供全面開放，因此被限制在後方的狹小空間用餐，這會令人覺得不舒服。

簡而言之，雖然你一直都在學習更好的經營方式。然而請注意，那些規定的新流程只是讓員工工作起來更容易，卻往往讓我們感到更不方便。**你或許可以全權決定我們如何聯繫你、如何與你互動、向你購買的方式，但別忘了我們也可以決定要不要參與你的遊戲。**

業務為何這麼做

你的商業流程——無論內部或外部——之所以如此設計，背後是有理由的。你的任務是改善事情、解決問題、縮短等待時間、提升效率及預測準確度、排解員工與顧客的抱怨等等。但大多時候，我們忘了回顧過去的決定，去看那些決策是否仍然有效、明智。

我敢打賭，你甚至忘了為什麼制定某些決策，但仍然遵守，每天上班時都認為這是唯一的做事方式。沒有人會刻意去惹惱或對他們的顧客造成不便，但這種情況卻常常發生。

顧客為何離開你

孩子們的說法最貼切：「你又不是我的老闆為什麼要聽你的！」我們知道自己想要的是什麼、何時想要，大體上也知道我們想要的方式，這不代表每一個人都在無理取鬧。恰恰相反，如果合理的話——通常也是如此——我們會遵從你制定的流程與路徑。如果不是合理的流程，或者造成不便讓我們枯等，我們便開始找尋替代方案。

更好的途徑

更好的途徑是去試問是否有更好的途徑。不停地繼續追問。別只有在顧客抱怨時，才意識到問題的存在。

用全新的視野看待顧客的需求、邀請那些能代表理想顧客的人體驗你的商業模式。問問他們喜歡嗎？對哪裡感到沮喪、不便、困惑或費力？試著創設一個顧客群組，問問他們：如果可以揮揮魔杖，從頭打造一個完美的顧客之旅，想像中的完美消費體驗長什麼樣子？然後傾聽他們的答案。

1%與99%：別因為少數奧客而懲罰所有人

什麼寂寞會比不信任更寂寞？

——喬治·艾略特（George Eliot）

在保護與服務間取得平衡

滿十六歲那年，我取得汽車駕照，新階段的自由也隨之而來。我可以在任何時候去任何想去的地方。一個再尋常不過的週六早上，爸爸在我起床之際來到床邊，坐在床沿上。我們進行了一場事後證明在我人生中非常重要的對話。

「大衛，你現在十六歲了，但無論如何還不是個男人，別太驕傲。」他笑著繼續補充說：「不過你已經大到可以自己做決定了。我是一個有六個孩子的單親爸爸，盯著你的弟弟妹妹們已經夠困難了，所以我們來商量吧，你不再有門禁了，可以常常待在朋友家或是一整晚，隨便你，但你還是要天天去上學、保持成績，把該做的事做好。如果你想待在哪個死黨家裡，只要知會我一聲，以免我擔心。」

然後他說了一句正中我心臟、意識與道德核心的話：「我會相信你，直到你證明你不值得信任為止。」我知道如果失去他的信任會發生什麼事；我知道再度受到約束會是什麼情景；我也知道再度贏回信任是漫漫長路。

身為一個十六歲的年輕男孩，我得到一個極為尊敬的男人相當程度的信任。他斬釘截鐵地說：「我不認為你會令我失望，相反地，我期待你會讓我驕傲。我期待你做對的事情、好的選擇，並且不辜負我對你的看法。」他對我的信心使我燃起鬥志、讓我想要當個好人，並向他證明他對我的信任是對的。

你對顧客及客戶的期待是什麼？你期待他們誠實、是良善公民並對你直白坦然嗎？或者你期待他們會偷竊、以詐欺的方式退貨並提出不實的索賠？當然，有些人會，但會有多少呢？先想想吧！

在你對我訴說每年因為詐欺和竊盜而蒙受的損失時，請明白，沒有人對此有異議。身為企業主，保護產品與流程不受有心人傷害，這一點至關重要。但這一節要講的，是你的疑心與防衛心，對於不曾也絕不會傷害你公司的大多數人，會有什麼影響，你得在保護與服務的需求之間取得平衡。

在你實施保護主義政策，以防範那百分之一會利用你或試圖騙你的顧客時，常常也得罪了那良善的百分之九十九。公司在顧客購物之前查核個人資料，這是為了保護顧客我懂，但為什麼有些公司居然想要在顧客購物「之後」查核購物紀錄，只是為了確保我們沒有偷東西。第一個動作我們理解，但第二個無法。

在山姆俱樂部（註：Sam's Club是美國大型倉儲式商店）或好市多買完東西「之後」，我們得跟購物推車一起站在人龍裡，讓一位非常友善的工作人員用肉眼掃瞄，並比對收據，以確保我們沒有偷竊任何東西。不管他們在收據上畫上的是棒棒糖還是笑臉，用意很明確，他們之所以在那裡，是要確保上門光顧的顧客不會帶走任何一樣沒付錢買的東西。簡直侮辱。雖然只是小小的不方便，但真的是侮辱。

警察在搜捕之前要出示正當理由。而厄尼，這位迷人的老爺爺，站在好市多的門前尋找四十歲的慣竊職業婦女。認真的嗎？我才剛花了幾百美元買了大罐得離譜的蛋黃醬、劣質牛仔褲、鄉村風的鍋具、八十捲衛生紙和足夠用上十年的止痛藥！我才剛穿過不過九公尺距離的收銀台、結完帳，推著推車一路走向出口。你真的擔心我偷了什麼東西嗎？當然，我不為難他們，他們只是在盡其職責，但我會希望不用再排一次隊，就可以拿著我購買的東西直接走向車。

我們理解公司採納合理的措施以減低竊盜率並控制損失，但從什麼時候開始，我們把每一個人都當作潛在的罪犯或搗亂份子了？**這種撒網方式不只是抓老鼠屎，抓的主要是好人（付錢的顧客），而這些好人是你獲利的唯一原因。**

我的親身經歷之一：被當作小偷的顧客

我在堪薩斯市外的一家服飾店走走看看，在店裡時覺得很不舒服，不只是因為百分之九十的衣服完全與我的五十五歲身材不合，而是因為打從我一進門，就覺得受到監控。事實上，每個人都受到監控！除了假裝在購物其實監控我們一舉一動的便衣保全人員之外，威脅要起訴扒手的標語無所不在。不只是試衣間受到監視（多麼離譜），我也不被允許試穿超過三件衣物——當然，鞋子也不能帶！

「多少件？」年輕店員在我走入試衣間時問。

「四件襯衫、兩條褲子和一雙鞋。」我回答。

「你只能帶三件衣物進去試，但鞋子不行喔。」那也許是她當天第二十八次重複這串台詞。

「但我想要試全部的這些東西，也想看看鞋子是否合腳。」我好聲好氣地說。

「不行，最多三件。你可以把剩下的先掛在這裡，先試穿一些，然後把試過的帶回來，我會再讓你試剩下的衣物。然後你可以坐在外面這邊試鞋子。」她邊嚼口香糖邊說。

她只是在做她的工作、說她被告知該說的話嗎？沒錯，絕對是。有人告知她要這樣應對。有人做了決定，不管對象年紀多大、什麼穿著打扮或哪個時間，業主要讓任何人從他們那裡偷東西都非常非常困難！

業主似乎對於「或許會損失什麼」的在意程度，遠勝於「可能真的賣出什麼」！某些有經濟實力的顧客根本無法忍受這一點，他們會帶著他們的鈔票離去。而留下的那些人，可能是沒有交通工具或沒有能力去其他地方購物。

別把這變成貧富差距的問題！這當然不是我的意圖。我絕對不是建議要讓有錢的人享有不同的待遇。事實上，任何社會階層上的人都值得尊重。再說一次，是每一個人！
我同意業者採取合理的預防措施防範竊賊，但請對待顧客——所有的顧客——像對待好人一樣。也該待他們如同你的事業完全仰賴他們一般，因為也真的是這樣！

儘管美國每年因為偷竊、遺失商品、現金短缺等等原因而損失的金額，高達四百五十億美元，但統計數據清楚顯示，內賊佔了公司損失總數的百分之四十三。其中近一半的罪行是員工所犯下的！那位不讓我帶超過三件衣物進試衣間的年輕女士，很可能會把商品藏在垃圾桶後方，以便日後拿走。

即使你能有效地降低失竊率，卻正因為過度防衛而流失銷售及顧客。你對於流失的顧客數毫無知覺，你對於因為潛在客戶退縮而流失的銷售及未來銷售，也毫無知覺。商場的失竊率也許降低了，但我保證你的收益也下降了。這值得嗎？我不確定。

再說一次，我不是對於企業主面臨的威脅盲目樂觀，但我對於被人大動作檢視很敏感。**你的顧客不希望被視為潛在罪犯，彷彿頭上籠罩著不信任的烏雲。沒有人希望如此。**

我的親身經歷之二：被當作騙子的顧客

我打電話給一家義大利餐廳，為一場家中的晚宴預定了六百美金的食物。在為我那大得誇張的家族點好量大得誇張的食物之後，試圖用信用卡付款，但他們不願意透過電話接受信用卡付款。

「您必須在取餐的時候向我們出示信用卡。」餐廳員工跟我說。

「但我不是去取餐的人，我弟弟明天下午會去取餐，然後把食物帶來。」我回覆。

「那他需要用他的信用卡支付。」對方回答。

「但我不想要我弟弟為這些食物買單，我想付錢。」我說。

「那您必須過來取餐。」他說。

「但我距離二十多公里遠，而且要忙著準備宴會，而他就住在你們那裡附近。我想要現在付錢，然後讓他明天過去取餐。我很樂意即刻付錢，請繼續執行我的信用卡付款流程。」我有點惱火地說。

「我很抱歉，但您可以今天帶著您的信用卡過來。」他說得好似想到了一個好點子。

「我無法過去，我要工作，這就是為什麼我前一天就透過電話訂餐的原因。我不懂這是一筆六百美元的訂單，而我卻不能夠提前付款？」

「沒有看到信用卡的話就不行，很抱歉。」

我嘆了氣。「那就取消訂單吧，我去跟別人訂。」我說。

「嗯……讓我去問我的經理。」他遲疑了。

兩分鐘後他說：「好的，我們可以這麼做，但下不為例。」

正確解法。事實上，他們應該下次、下下次都這麼做——對每一個人皆然。店家擔心白白讓六百美金的訂單溜走，或讓我溜走。但卻又讓選中他們的顧客感到綁手綁腳，甚至想放棄訂單，真瘋狂！他們當然應該保護自己，但本來可以單純在顧客取餐之前確保帳款已結清，解法很簡單。

如同這個語音給人的不舒服感受：「謝謝您打電話給XYZ公司，請注意，這通電話已錄音，如果您等一下試圖騙我們，我們會有證據。」

商業模式已經變了，信任與尊重顯然變得淡薄。但我們每天辛勤地工作，要的不就是顧客的感激，並樂於跟我們做生意嗎？

業務為何這麼做

大多數的保護政策都是在一朝被蛇咬之後制定的。有人使用偷來的信用卡，所以你規定只能在能驗證身分後接受信用卡；有人行竊，所以你一再明確表示要起訴竊賊；你想要避免不實指證，所以錄下了我們的對話；你想要避免小孩用沾滿了巧克力的手指碰觸你的襯衫架，所以嚴禁飲食。我都明白，但你的誠實顧客真的不喜歡這樣。

顧客為何離開你

我們並沒有想要偷你的東西、騙你或準備法律文件告你。當然，有人會，但我們不是那些人。你也可以說那些標語不是針對我們，但我們覺得那是針對每一個人。我們到你這消費，最起碼，期待你應有些許感激並善意、尊重地對待我們，而不是像對待潛在罪犯一般。

更好的途徑

更好的選項是——信任但驗證。簡單的驗證機制，能解決你大部分的竊盜與詐欺問題。相信別人直到他們證明自己不值得信任為止。要求現金退款的收據是合理的，否則就讓他們換吧。關閉收銀機與出口之間的通道，這樣你就知道每個離開的人都付了錢。明確數算帶進帶出試衣間的衣物——多於三件也一樣。

不要到處尾隨我們，也不要用餘光監視我們，只為了確保我們不會偷東西。裝個攝影機，我們不介意。最後，也同樣的方式對待你的員工，誠實的人沒什麼好怕的。

大家都知道，合理的驗證程序可以保護你的生意，但沒人喜歡在購物時被懷疑。這不禮貌，也毫不必要。別把你的顧客當成待解決的問題。把他們當成準備好要購物的顧客，你會賺進更多錢，我保證。

修好你的網站：讓顧客快速找到他要的

商店櫥窗就好比網站的進入頁面。

——安琪拉．阿倫茲（Angela Ahrendts）

顧客跟著感覺走，網頁別搞得太複雜

在書寫本書之際，網路上已有將近二十億個網站。你的網站只是其中之一——二、十、億、分、之、一。

網路時代早期，光是把購物手冊放上線，就已經是競爭優勢了。接著，是比拚哪家公司有最炫的動畫介紹，和一堆鈴聲與音效。**今日，網路贏家提供的是吸引人、精簡、易於瀏覽的線上資源，讓顧客可以快速、容易地購買或找到商品。**所以直到現在，最多瀏覽量的網站是Google，他們的首頁有多複雜嗎？

大多時候，人們不跟隨最好的方式走，他們只跟著感覺走。但大多數的業者，不知道因為糟糕的線上體驗而離開的潛在客戶，造成他們多少損失——雖然顧客快速掃過他們的網站後，可能會有印象。以下是幾種不受歡迎的網站設計。

- **內容繁雜**

大多企業的網站，會試圖把放在廣告或宣傳手冊上的所有內容，通通搬上網站。即使是內容豐富、功能強大的網站，也會因為負擔過重、太複雜而在不經意間嚇跑發現很難找到商品的顧客。

- **彈出式視窗**

有些冒犯行為是故意為之的，儘管不一定能達到業主的目的。例如彈出式視窗，是業者想確保顧客完成某些事才離開。雖然我們不喜歡這些東西，但業者似乎不在乎。

● 聯繫表單

這是設計用來讓顧客以業者想要的方式留下資訊，並與他們聯繫。顧客通常想要打電話或寄電子信件，但業者似乎不在乎。他們往往承諾顧客點擊某個按鈕，就能收到想要的資訊，但卻是進入一個填表單的頁面。所以顧客不斷被導向業者指定的路徑，這是太過常見的網站誘餌。

我又有一個慘痛的經驗。

有一年我想在森林裡蓋間小屋，讓家人和經常出差的我得以充電休息。於是打算先在靠近科羅拉多州丹佛市附近的山上找一塊地，再慢慢做規劃。

一個秋天的週六早上，我和愛人洛爾開車到一個離家車程一小時內的森林，找到幾個不錯的選擇。我們想要一塊夠大的地，好在未來幾年能夠擴建成連棟房屋，為孫子們準備臥鋪、為我提供秘密基地、讓我弟弟和他的家人也能蓋一棟房子等等。作夢是有趣的。

那天晚上回家後，我們決定上網看一些設計與建造木屋的公司。瀏覽了多個網站後，找到一個看起來非常「潮」的木屋公司。很棒的設計、大量圖片、選擇繁多。他們不只出售小木屋，也提供選項派遣團隊實地施工。當我們找到非常喜歡的樣品時，點擊了那個說

「點這裡看價格」的按鈕。

你以為他們真的提供了價格嗎？當然不是！那個按鈕把我們導向一個聯繫表單。真是失望！更正，憤怒！除非填好表單，不然沒有辦法知道物品的價格，店家顯然擔心價格會把我嚇跑，但其實是他們主動把我趕走了。我只是想要知道價格，店家卻不想告訴我，除非先跳入他們的圈套。我不玩他們的遊戲。

所以記住，任何行銷計畫的首要挑戰，都是讓潛在客戶直接與你的產品或服務建立連結。如果我們能吸引到大眾，就會有很大的機會把潛在客戶變成真的顧客。連結有四種主要方式：

- 讓潛在客戶到你的所在地。
- 和潛在客戶約在他們方便的地方，例如住家附近的咖啡廳。
- 與潛在客戶透過電話或視訊聯繫。
- 讓潛在客戶去你的網站。

如果你能夠誘使潛在客戶做出這些購買前的行為，那麼已經贏得了最初的戰鬥。我們應該要能夠盡可能地把眼前的潛在客戶，轉化為真正的生意。因此讓他們造訪你的網站並詢問價格，是巨大的勝利。

你不該對潛在客戶做的那一件事，就是激怒他們或令他們挫敗，而這就是那家木屋公司對我及其他人所做的。

需要說明的是，我當時詢價的是一項非常昂貴的商品——一套新房子。他們誤導我、讓我感到沮喪，並摧毀我對這家公司的任何好印象。他們一次又一次地把我帶到他們想要我去的地方，然後惹毛我，逼迫我離去。真荒謬！

我並非天真看待他們的思維。正常來說，在網站上顧客被重新導向的理由很清楚：業主為了與我在電話上能溝通，所以先確定我的需求、預先審核我、建議可能更符合我需求的選項、訂製吸引我的方案並獲得聯繫資訊，好讓我們保持聯繫。我知道。我向你保證，這一定就是他們的銷售團隊，在網站開發會議上的實際對話內容。

然而，事實上是：按鈕說「點這裡看價格」後，卻不直接告訴我價格，他們騙人。

頁面大可以寫清楚：「價格範圍：二十二萬美金到二十八萬美金，取決於建材、選項與升級與否。我們很樂意安排一個簡短的對話來解釋這些漂亮的木屋是如何定價的，以及可以依據您的家庭與夢想訂製（我們有些非常炫的選項！）。點擊這裡，告訴我們聯繫您的最合適方式，設計專家將在您勾選的時段回覆您。」

我知道銷售團隊中的某些人，不會認為網頁重新導向是大問題，我並不是認為每個人的感受都應該跟我一樣。有些人或許知道，每年因為讓潛在客戶沮喪離開，會損失數百萬美元這個道理，但他們始終不明白自己哪裡出了錯！

當然，**最令人沮喪的網站缺失，是缺乏聯繫資訊或難以找到聯繫資訊。**老天，難以找到的任何東西都令人沮喪。「難以取得」這個概念貫穿本書，因為在當今的商業世界中太普遍。

過去那種捧著厚重的電話簿，一邊哼著字母歌一邊搜尋數千頁只為了找到某個公司，並抄下電話號碼的時代已逝。我們期待能儘速、輕易地找到業者聯繫方式。我們被寵壞了嗎？我的回答一直都是：沒錯。然後呢？不管業者對「科技把消費者慣壞了」這件事有何高見，我們的期待就是這樣。

我們沒有時間搞懂你的網站

如果你的網站內容太多、有無數個連結、多個下拉選單、flash驅動等等，使得我們難以找到想要的東西，你就會失去我們。除非你是唯一的資源提供者，否則我們會很快地跳離頁面——因為我們能這麼做。

問題在於你對你自己的網站太瞭解了。如果我們坐在你對面，提到我們找不到什麼東西，你會打開筆電，迅速地地向我們展示該到哪裡找。

「看，非常容易，到這個首頁，往下滑到『地點』的選項，點一下，就可以選你的州別，在你的州別頁面，如果在右上這邊輸入郵遞區號，就會列出所有方圓三十幾公里內的地點。點選每一個地點，就會連結到各自店家的首頁，你可以點一下去看店員、物品、所有選項，以及查詢更多資訊的地方和甚至如何訂購。這裡有常見問題的連結，所以你甚至不需要打電話，只要往下滑找到你的問題，全部都在這裡。如果用帳號密碼登入，網站會貼出你過往訂購的商品，你甚至能調整自己的偏好設定。」

坦白講，我幹嘛要知道這些？你真的認為你的顧客會花四十五分鐘，去摸清楚如何瀏覽你「健全」的網站嗎？在進入首頁之後他們都走光了！

誠然，你的團隊可能花了數個月才建構好這充滿活力、包山包海的網站。重點在於，你的網站應該幫助你的潛在客戶找到想要的東西，好讓他們可以瞭解你、聯繫你，或簡易快速地跟你購買。它並不需要做所有的事，只需要做能把瀏覽者帶去他們想要去的地方。

因為點擊惱人網站而離開的人們，每天造成的銷售損失達數百萬美元。如果不能在一個網站上快速找到想要的東西，你會停留多久？不會太久。沒有人會。

事實上，有些公司非常擅長這類工作，我指的不是網頁設計公司，我是指零售商、顧問公司、大學、餐廳等等，功能優秀的網站到處都是，去看看吧。（我不會列出任何一家，因為網路世界變化快速，這本書提供的資訊很快就會過時。）

當然，還有數十億過氣、多餘、不完整的網站。記住，如果你的網站已經兩年沒更新了，肯定是非常過時的。

真實情況是，建立一個吸引人、效果好的網站，並不會比一個糟糕的網站更花錢。很多網頁開發人員可能不同意這個觀點，但事業就是這樣。今日我們有許多選擇，點開 Upwork.com、Fiverr.com、99designs.com 這些徵人平台，就能讓我們找到世界各地數百萬個優秀的網站設計專家，你想跟誰合做就跟誰合作。

無論你選擇跟誰合作，電腦螢幕的尺寸並不會因為你付多少錢而改變。一個網頁會從左上角到右下角填滿你的電腦螢幕。在哪個空間放什麼，都完全取決於你。**嚴格要求，確保你的網站不只是看起來很好，還要讓顧客的造訪與瀏覽很輕易順暢。**因為今日大多數顧客在聯繫你之前，都會先上網看一下，得讓他們喜歡所看到的，否則就再也見不到他們了。

如果你是刻意地不在網站放上直接聯繫你的方式，那麼可以把這本書闔上了，並為停業做準備。如果你選擇關門大吉，這本書中涵蓋的其餘主題也就無關緊要了。

業務為何這麼做

網站失能很大一部分原因在於，業者沒有認知到運作得當的網站應該是什麼樣子，以及這對事業的成功有多重要。任何令顧客困惑或沮喪的網站，都會把顧客從你的頁面趕到競爭對手的懷抱中。

另一個問題是，你很可能太熟悉自己的網站了。並不是因為投入太多情感，而是太熟悉自己網站上的功能跟瀏覽方式。**你知道所有資訊的位置，但你的顧客不知道，也不會花時間去學習。**

顧客為何離開你

我們討厭你這麼做的主要原因是，我們已經習慣快速輕易地取得資訊。你也許不覺得你的網站很複雜，但你辦到了！你天天與它為伍，而我們可是第一次瀏覽！

如果你不能（或不會）給我們答案或接洽真人的方式，我們就會找到可以的其他人。如果瀏覽方式令人困惑，我們就離開；我們不想看遍無盡的下拉選單和許多分頁後，才找到想要的東西。

更好的途徑

網頁力求簡潔。別要我們去猜測你在做什麼或如何找到你。好的網站會有大標題，告訴我們你是誰、你在做什麼以及你服務的對象是誰。如果我們要點擊超過兩次，才能找到任何東西或人，那麼第三個點擊就會是離開。

把你的團隊集合起來並詢問：潛在客戶及顧客來到我們網站，最常找的五樣東西是什麼？確保這些東西都放在首頁而且容易找到。去觀察最強的三個競爭對手網站。他們的優點何在？不足的地方是什麼？記得大多數潛在客戶會在看到他們喜歡的東西後，才會打電話給你。

選擇滿街都是，顧客不給第二次機會！

如果有人足夠仁慈地給我第二次機會，我不會需要第三次。

——彼得．羅斯（Pete Rose）

糟糕的顧客體驗之所以普遍，其中一個主要原因，是我們遇到後會毫不留戀地嘗試新的店家，而新的店家也可能又給了我們糟糕的體驗。

過往，如果有糟糕的體驗，我們下一次還是可能回到這個供應商、商店或餐廳，給他們機會，看看是否有所改善。我們也可能會嘗試菜單上的不同菜色，或是相信下一次打客服電話時，會是不同的人接聽。**但在這個選擇眾多且普遍出色的年代，顧客傾向嘗試其他**

選項，而不是再給這個糟糕體驗第二次機會。

我們拒絕給第二次機會有兩個原因。首先是單純出於恐懼或怕第二次經驗不會比第一次好——尤其如果初次的壞體驗讓我們陷入困境。另一個我們在商場上不給第二次機會的原因比較個人：不喜歡感覺被輕視、粗魯對待或剝削。我們會把糟糕的消費經驗連結到個人感受上，彷彿不被尊重，而這種感覺很不好。我們付了錢卻沒得到我們要的。例如我們約了時間談生意，你卻沒出現。

儘管我們在你道歉時不多說什麼或告訴你不用擔心，但並不是真的不介意。拒絕給予第二次機會也許不是出於恐懼，而是我們相信你不配擁有第二次機會。你讓我失望，我拒絕獎勵這樣的行為。

當然，這聽起來是吹毛求疵、不太通情理的原因，但真相是人們就是可能吹毛求疵、不太通情理！這就是當今快節奏、熙熙攘攘、非生即死的真實世界。如果顧客覺得不受尊重，他們不會再繼續光顧。

如果不滿意，我們不缺下一個賣家

今天的我們就是不能容忍糟糕的服務或體驗。二〇一六年的一次全球顧客調查中，百分之四十七的人說，在經歷糟糕的顧客體驗一天內，他們就會轉向與原合作對象的競爭對手做生意；而百分之七十九的人說，他們會在一週內這麼做。我再來分享一個慘痛的親身經歷。

為了心愛的她，我花了兩個月計畫一場相當棒的生日派對。我面試了幾位私人廚師，最後聘請其中一位，為參加派對的所有賓客準備豐盛的菜餚。順道一提，我在隔週主持的一場商業聚會，也是請同一位私人廚師來包辦整場活動。

她生日的數週前，該名廚師與我有數次對話，勾選菜色並確保有無麩質的選項，以配合她的飲食限制。我把精力集中在聯繫賓客、家中的整潔等等。

活動當天，星期六早上十點，我收到一封來自該名廚師的簡訊：「很抱歉，我困在堪薩斯市，今晚趕不到了。我們的車壞了，星期一之前無法修好。抱歉。」

呃，在整我嗎？我的血壓開始沸騰，回了簡訊：「你在說什麼？我已經付了訂金。我們籌畫了幾個星期，活動就在今晚！」

「我知道，我以為可以準時回去，我對此感到很難過。」他說。（接下來才真的令人驚訝。）

「但我絕對會出現在你下週的活動。」他又說。（嗯，不，我不會讓你來！）

當我匆忙為這個活動找備案時，我氣壞了。計畫了幾週，現在只剩下七小時！我打給方圓一百公里內的每一個私人廚師，沒有人有空或願意在這麼倉促的時間內，接下這項挑戰。最後，沒有其他選擇，我只好找一家當地的餐廳，從那裡訂一些熟食。一切還可以，但我要的不只是還可以。我提早計畫就是為了要把派對辦得很棒，而且我願意為了很棒的品質付出高額。

幾小時過去，我足夠冷靜後寄了一封訊息，以下是我寫的內容：

我知道你不是蓄意的。但我想要給你一點商業上的教訓，請以認真的態度看待。

我老早開始計畫這天，找到符合我需求的你。我付了訂金，因此我們有契約關係，我期待你會盡你所能以完成任務。

若換個身分，假設我是你，我會考慮兩個選擇：盡我所能以完成我的任務，或者找一個人能夠在有突發狀況的時候代打。因此你的思維應該是：「如何搭直飛的飛機回到丹佛以完成我的任務？」儘管此舉可能會付出高額交通費，但若想要得到往後的工作，你還是得盡力去做。另一個選項會是告訴對方說：「很抱歉，我無法趕到，但我已經聯繫三位同行的廚師，他們可以代替我，會讓你的活動很順利。」

但我從你那裡得到的卻是：「抱歉，我去不了，但我會在下週趕到。」你沒有花任何力氣去尋找解決方案或把事情做好；你沒有試圖回到丹佛履行諾言。你把我晾在這裡，然後舉起手來好像你無能為力。其實有，你只是選擇不去做。

你知道我下週不能再信任你並冒著完蛋的風險，因為有二十名賓客要搭飛機來參與商務會議。我會找別的廚師。在你的職涯，這是一堂重要的商業教訓。如果你有約定在身，你得盡其所能地去履行，或者以其他備案來遞補。

難以預料的事情，總是可能發生在我們任何一個人身上。做正確的事情，才會讓你成為一個好的生意人。祝你好運。

如果你不遵守諾言，通常我們不會給你第二次機會，出於以下兩個原因：我們不想，以及我們不必。如果你說你會來但你沒有，我們就把你劃掉；你承諾一場饗宴但沒能送達，我們繼續進行；你承諾取得豐碩成果，但結果卻不盡人意，我們會找別人試試看。市場上有無數的競爭者，排隊等著滿足我們的需求。我們不是殘忍或甚至想要懲罰你，只是放棄你。我們只是對競爭激烈的市場，以及所擁有的選擇瞭若指掌。

再說一次，如果你不僅僅是表現不佳甚至惹怒或冒犯我們，我們會積極地反制。消費者無能為力、只能跟親朋好友抱怨自己如何被差勁對待的時代，已一去不復返。如今，大家會使用所有他們能使用的工具（有很多），透過在網路上咆哮及留下負評來報復。今日，在商業行為上，兌現你的承諾比任何事都更重要。

雖然事情難免出錯，但通常對方如何應對，是我們決定要不要原諒的關鍵（雖然我們不會忘記）。

顧客的需要 vs. 想要

網頁開發中有一個術語：最小可行產品（minimum viable product，簡稱MVP），對於想要擁有網站，但缺乏資金去開發功能齊備的網頁這種客戶來說，是相當重要的概念。是指在不花大錢購買花俏功能、能正常狀況運作的前提下，以最低的成本獲得基本功能。

但在商場上，情況會不太相同，我們是否常常只給顧客基本配備的產品，或只是剛剛好達到客戶或顧客的基本要求。這無關是否能符合他們的期待，而是以為單憑這樣的交易就足以維持關係。如果他們要求什麼，我們就給什麼，這樣就完成我們的任務了，是嗎？不必然。如果我們僅僅是滿足顧客，那麼有人想取悅他們、令他們欣喜並讓他們刮目相看時，我們很容易遭受傷害。

在商業上的任務不只是符合顧客的「需要」，還要滿足他們的「想要」。業者第一次得到的機會是取悅顧客，以至於他們渴望重複初次體驗的美妙。浪費這個機會不一定會冒犯他們，但可能會被遺忘。

「你跟某某合作的經驗如何？」

「還可以。」

還可以？這在今日的世界可行不通。有選擇的時候，「還可以」就會被拋諸腦後。「非常好」會讓人重複造訪；「超級棒」會讓他們推薦給朋友；而「不敢相信這麼棒！」會被撰寫在評價網站及社群媒體上，與數千人分享。

大多數商業行為中，在顧客離開之前，你只有一次機會。因此得觀察每一個環節，確

保不只是「還可以」。問問你的團隊，也問問你的顧客喜歡什麼，然後試著去實現它。

「不滿意」是很容易辨識的，訓練你的員工察言觀色。如果一頓晚餐剩下了百分之九十的食物，去問：「餐點有什麼問題嗎？」或者「您不喜歡選擇的食物嗎？我很樂意請餐廳為您製作其他的東西。不用額外付錢！」如果找你諮詢的客戶不如前幾週熱絡，請主動聯絡。如果一項專案沒有達到你承諾會有的結果，直接面對它並把事情做好。

記住！最不滿意的顧客不一定會抱怨，他們只是不會再度光顧。我們不只是要努力確保符合顧客期待，還要在大批人遠離之前，找出自己的缺失。你的員工不僅得促進交易，還要提供卓越的服務，以符合甚至超乎顧客的預期。他們的職責不只是要看顧你的生意，而是要打造它。

「促進交易」跟「提供卓越服務」之間有明顯區別。太多業者都以為他們的職責是為顧客找到一項物品、完成一筆交易、送餐、搭建房屋、清潔地毯、接好Wi-Fi、計算稅額或製造零件。

問題在於許多競爭對手都能做到。如果這就是你所做的一切，就算你做得很棒，你依然冒著其他人做得更好、更快、更便宜、更印象深刻、更友善或更便捷的風險。你得到的唯一機會，不只是要避免搞砸它，還要避免你單單只是做完它。

業務為何這麼做

組織的重點大多是放在銷售以及取得顧客，而不是在服務本身。我並不是說業者沒有意識到卓越服務的重要性，但他們太把目光投注在獲取顧客上面，而非全局。然而交易後發生的事情，才是決定能否留住顧客的關鍵。

顧客為何離開你

不管你知不知道，每一次與你接洽或購買都是一次測試。這不是在逗弄你，而是在試探你。如果令我們失望，我們就會另覓選擇。如果你得罪我們，或我們感到被冒犯時會積極反制，透過線上負評或口耳相傳來報復。我們給你機會、把錢或時間交給你時，別搞砸了。

更好的途徑

即使我的演講事業正有起色，但如果我不能每次都在舞台上一展身手，就無法建立永續的事業。顧客體驗不僅僅是愉悅的銷售體驗，還包括對後續服務的高度關注。因此除了確保商品與服務的交付是成功且愉悅的，更重要的是顧客的回購率。

不妨假裝每一個顧客都是第一次上門，並假設這是你唯一能令對方印象深刻的機會——因為很可能是。

重點是：別說你想說的，說我們想聽到的

對我來說，關鍵的教訓是不要爲自己而活，爲別人。

——金伯莉．季弗爾（Kimberly Guilfoyle）

你的理念並不重要，顧客只關注商品本身

熱情是導致生意失敗的主要原因之一。先聽我說完。

「追隨你的熱情所在！」這句話我們已經聽了一整個世代，從學校老師、家長、朋友甚至是名人，都告訴我們想要有成就，就要追求夢想。同樣地，「追隨你的夢想，你就不

會覺得自己是在工作！」這句話對著我們尖叫。請注意，因為聽從這句熱門訓誡而倒閉的企業或造成的個人財務困境，比其他有瑕疵的職涯建言都還要多。

「熱情錯了嗎？」你問。熱情沒有什麼錯，只要其背後有堅實的商業模式支撐。只可惜，大多時候沒有。儘管你急著要分享你的故事、提倡你的理念、要全世界吃素、保護環境等等，但這都跟大多人想要消費的原因八竿子打不著關係。

如果你的訊息集中火力在你想要說的，而不是顧客想聽的，就會失去他們。這不是基本主義宣言，這是一記警鐘，告訴你這世界上的其他人，沒有義務幫你實現夢想或達成目標。世界上大多數人要供養他們的家庭、支付帳單並投資他們的未來。我們可能會想買你的產品，但很少人會願意忍受聽你訴說這門生意的起因與推動的理由。不是因為這不重要，而是這與我們購買的原因毫無瓜葛。

顧客不需要知道你的品牌故事有多「潮」，他們不是反對你的故事，只是不在乎。你也許對「幫助海外村民」等某些慈善目的抱持深刻信念，而花錢的她只是喜歡那個提袋，覺得跟剛買的靴子搭起來會很好看。故事可能很有趣甚至鼓舞人心，但不是一般人消費的原因，我們很少會因為銷售者的熱情去買不想要的東西。

我知道，今日的年輕人愛好找尋有深刻意義的工作，因為我自己就養了三個這樣的小孩。我們都渴望改變世界，然而，不是每個人都能這麼奢侈。大多的商業行為，都不會對世界造成巨大影響，但絕對能幫你支付帳單、養家糊口以及送你的小孩上大學。當你或你的孩子關注大學的哲學系學位時，我不認為有很多公司正在招聘這類人才。

身為專職的演說家，我看過無數滿懷理想的同事被「好心的」朋友帶入歧途、鼓勵他們「走出去，說出你的故事」。雖然我很慶幸你戰勝了癌症，有一個好故事可以說，但你需要知道，單單在美國，就有超過一千六百名抗癌成功的鬥士；超過五千人成功登上了珠穆朗瑪峰，當中還有許多人攀登過兩次；超過一萬八千個前美國職業橄欖球員還健在；兩百萬個美國人至少失去四肢中的一肢。對於維持一個長久的商業模式來說，熱情並不夠。

「專注熱情」是富有者才能有的奢侈品，其餘的人需要專注在一項穩健的商業模式，用價值換取公平的報酬。我們需要把熱情從行銷中拿掉，先找到需要我們服務的（拿出錢的）對象，去取得他們的聯繫方式，再把他們設定為目標，進而變成潛在客戶，最後變成付錢的顧客。如果你同時也對你的事業懷抱激情再好不過，但肯定不是必要條件。

實用主義戰勝理想主義？我家那三個千禧世代理想主義者當然不會同意，但他們享有這種奢侈，因為其中有兩個還不用自己支付帳單。

毫無疑問，商場上有一些非常成功的理想主義者，他們影響著數百萬人，但這僅僅是因為他們有著健全的商業模式生財。你的熱情當然有助於早上精神飽滿地起床，但是你的商業頭腦、競爭優勢與勤奮努力，才是支撐起家庭的主要原因。

與其專注在你的熱情，不如將心力注入你的價值主張、商業模式，以及顧客「需要」與「想要」的東西。勤勉踏實、勤奮、有說服力、與眾不同、節儉並且以競爭對手更好的方式，向大眾展現你的價值。雕琢好你的文句、真誠地與買家互動，並完成交易！

我得澄清，我對自己作為在講台上的商業演說家身分，以及對找我諮詢的客戶充滿熱情。但在行銷上，我不談論個人熱情，只談論生意、需求、對客戶的問題提出獨到解方。我不需要在工作時間談論理想是什麼，只談論什麼對我的顧客及他們的事業是重要的。當然，如果雙方傳達出的訊息很一致，那我在工作上便會更加有說服力並開心。

因創辦人熱情而誕生的公司比比皆是，無論是對烹飪、倡議、汽車或音樂技術的熱情，其中很多都取得成功——但絕不是大多數。**事實上，絕大多數企業失敗的原因很簡單，就是無法吸引到夠多的顧客。熱情給了他們創業的理由，但經營或行銷方式，導致他們的失敗。**

兩個過度熱情導致失敗的例子

若你只用熱情、夢想和抱負來營運公司，會遭遇打擊。作為潛在顧客，幫助你完成人生抱負，或追求你的夢想不是我的責任。我唯一的任務，是買我可能想要或需要的東西。而即便你符合，也得要有其他合理理由讓我相信你所提供的，是比別人更好的選擇。如果你的食物不好吃而且也沒有其他的吸引力，那麼你傾注生命到素食產業，並允諾提供另類選擇的抱負，就沒什麼意義了。**簡而言之，我們向你走來是要消費，而不是被灌輸思想的。**

我和一位對行銷感興趣的紳士談過話，他的公司負責生產輕便型太陽能發電機。這些精心設計的能源設備，為偏遠地區提供安靜的電力，嘉惠露營者、演唱會、貿易展和街頭市集，以及迷你房屋甚至所謂的備戰世界末日者（doomsday preppers）。太陽能發電機無庸置疑很酷炫。

不幸的是，造訪他的網站時，會被他拯救地球的個人風格疲勞轟炸。在首頁正中央，他強調自己的使命：減少溫室氣體排放、提供永續的選項以對抗全球暖化，並鼓勵我們重新思考我們照顧大自然的方式。

這當然是個崇高的理念，但那些無數與他意見不盡然相同的潛在顧客呢？並不是大家不重視地球，而是我們會選擇什麼是重要的。坦白說，一般人都有其他優先考量，包括家庭、學校、教堂等等。用另一種方式來說，我們的職責不是去幫這傢伙完成他的使命。

那些為理想奮鬥的人太常以為，如果他們解釋得夠清楚，其他人就會同意並支持他們的理念。在我們的第一次通話中，我問他，他的公司是否為一個符合501c3的非營利組織？（註：指美國稅法的條款之一，該條款是給宗教、慈善、教育等組織免稅待遇，以鼓勵個人和企業捐贈。）

「不是，我們是一家能源公司。」他有點吃驚地說。

「那為何你要宣揚你的理念呢？」我問。

「嗯，這是我之所以創立公司的原因，要為世界帶來影響力。」他回答。

「但這與我在貿易展的攤位設置有什麼關係呢？」我問。

為了尊重他的觀點，我清楚說明只有一小部分的潛在顧客，會因為想加入他為理念奮鬥的行列拯救地球而買商品，大多人只是想找到能在偏遠地區運轉、品質好、沒有噪音或油煙味的發電機。很多人是會喜歡支持這種對環境負責的發電方式，但他們會購買，是因為其他對他們更有利的原因。

他的大多訊息或至少最顯而易見的內容，都是針對不到百分之十的潛在顧客的！其餘百分之九十的人並不在乎他的使命，但會喜歡他的產品。我不是要建議你去埋葬你的價值觀，但如果內容與你的受眾無關，就不要用那些價值去引導他們。

另一個例子，是九〇年代末期在教育與環保人士的推動下，科羅拉多州丹佛市建了第一座水族館。由於地處內陸，丹佛市幾乎與豐富的海洋生物沾不上邊，除了湖泊及山間溪流裡的世界級虹鱒魚。

居住在西部及中部州的人，很少有機會接觸到大海的奇觀，支持者認為這是把海洋帶到山林的好方法。在一對海洋生物學家夫婦的帶領之下，一個由公家與私人合資的集團，一同打造一座洛杉磯至芝加哥境內從未有過的巨大水族館。

一九九九年六月二十一日，這座水族館在丹佛市郊一個黃金地段開門營業時，聚集高度人氣、大排長龍。新聞媒體大篇幅地報導這天的盛況。該棟建築物很美，大型的水族缸裝滿來自世界各海洋的驚奇生物，甚至完整紀錄了從世界各地搜集魚類的過程，並在當地新聞上強力播放，甚至還展示了陸地上的生態系——蘇門答臘虎悠遊於此。

開幕的第一週，我也是帶著小孩參觀的群眾之一，但在參觀十五分鐘後，我告訴他們，這裡會在兩年內關門。

為什麼？因為很顯然創辦人只想要闡揚關於生態系的理想正在實現。他們想要我們瞭解保護及保育環境有多重要；他們想要我們知道人類正如何毀壞包括海洋生物在內的大自然。他們忘記（或不在乎）去問「我們」想要什麼、願意付錢看到的是什麼？很多人都有自己的信仰，我們想買的是娛樂，他們想要的卻是改變群眾或灌輸思想。我們想看到酷炫的魚，但他們想要表示如果人類不改變，在最糟糕的情況下地球會變什麼樣子。他們在二〇〇二年四月破產，開幕不到三年。

這座總造價九千三百萬美元的水族館，後來被Landry's海鮮餐飲集團，以一千三百六十萬美元買下。今天，它被改造成以娛樂為主的市中心水族館（Downtown Aquarium），內有海鮮餐廳，蓬勃發展。

當然，還是有受使命感驅動、群眾募資而獲得關注而成功的案例，例如龐巴斯襪（Bombas socks）。但這只是成功的企業故事中極為罕見的案例，就像是你也可以指著億萬富翁說：「他們都沒有高中畢業，但很成功！」這不代表你就應該仿效這種模式。

業務為何這麼做

我們已經習慣追隨夢想。呃，不，但顧客不需要。他們只在乎為什麼要買你的東西？為什麼你是比其他競爭者更好的選擇？業者傾向於宣傳對我們而言重要的事物，但真正的問題是：什麼對你的顧客很重要？

顧客為何離開你

我們不明白你為什麼要帶大聲公來干擾我們安靜的晚餐。在享用冰沙時，並不感激你對我們傳道。有人說，人耳能聽見的最美妙聲音，是你自己的名字的聲音。作為顧客，我們希望你談談我們。這不是說你應該埋葬夢想，只要別期待我們共享你的夢想就好。那些是「你的」夢想。我們不是麻木不仁，只是如果你的理念與我們購買的理由無關，我們便絲毫不在意。

更好的途徑

要銘記在心，你的顧客不需要認同你的理念，才會買你的東西。更重要的是，每個你花費在談論熱情的時刻，都在錯失向顧客行銷的機會。

分享一個很棒的練習方式：回顧你的所有宣傳資料——任何你列在網站上、宣傳手冊、銷售表單等等的東西，接著把所有關於你的使命、熱情等等的內容，用黃色螢光筆畫起來。

最後，重新再看同樣的資料一次，把所有關於潛在顧客的需求、問題等等內容，用綠色螢光筆畫起來。

看看哪個顏色勝出。如果黃色多於綠色（通常是因為我們喜歡談論自己），那麼你需要重新檢視你的行銷策略。重要的不是關於你的一切，是關於顧客的。

重點整理

- 如果放棄了顧客可能想要的，而選擇你的團隊偏好的，那真是大錯特錯，因為掏出錢給你的是前者。
- 在實施保護主義政策，以防範那百分之一會利用你或試圖騙你的顧客時，也常常得罪了那良善的百分之九十九。
- 簡單的驗證機制能解決大部分的竊盜與詐欺問題，沒人喜歡在購物時被懷疑。這不禮貌，也毫不必要。
- 網路贏家提供的是吸引人、精簡、易於瀏覽的線上資源，讓顧客可以快速、容易地購買或找到商品。
- 最不滿意的顧客不一定會抱怨，他們只是不會再度光顧。

業務筆記

NOTE

業務筆記

NOTE

第 3 章

該如何貼心服務？試著讓對待方式有所不同！

還在死纏爛打嗎？跟著別人一窩蜂自動化服務嗎？丟掉經驗法則吧，別管競爭對手怎麼做！拿出同理心，才能留住顧客。

轉接中、請稍待？看來我的來電對你來說「不是」很重要

時間比金錢更有價值。你可以賺得更多錢，但無法賺到更多時間。

——吉姆・羅恩（Jim Rohn）

無止盡的語音信箱地獄

在英文的用法中，「hell」這個概念已經衍伸出非常不同的兩種意思：就正面來看，是形容相當好或令人印象深刻的事物。

「昨晚的派對太棒了！」（That was a **hell** of a party last night!）

「她是個棒透了的舞者，超級！」（She is a **hell** of a good dancer. Dang!）

而「hell」的反面意思，是用來暗喻非常困難的事物。

「要拉開那個門閂，實在太難了！」（It was **hell** trying to loosen that bolt!）

但hell最常見的比喻，是來自《聖經》的觀點，因為一些令人髮指的違法行為或道德淪陷，經審判後被送往的地方——地獄。想像罪人被淹沒在一片大海裡，或被大火包圍，他們痛苦的尖叫聲震耳欲聾。魔鬼監督著這一切，在痛苦中感到快樂。（或者這只是好萊塢的版本）

「她經歷了地獄後，擺脫那段婚姻。」（She went through **hell** and back to get out of that marriage.）

「跟他共事簡直是人間地獄！」（Working for him was a living **hell!**）

值得注意的是，我們在日常生活中很常把語音信箱與「hell」連在一起。voicemail hell，也就是**「語音信箱地獄」這個詞不需要額外的解釋或澄清，我們都經歷過。我們住過那裡，比想要的次數還要多。**

就像我們常說的，「成功不在於終點，而是過程」，通往地獄之路也如此。不在於必須留言給某個你想要聯繫上的人（已經夠糟了），而是在於我們被迫要經歷漫長的語音系統選單（地獄）。這是我們並沒有要求且不想經歷的過程，並且很失望你讓我們經歷這些。

「您的來電對我們來說很重要」這句耳熟的話，意義已經和以前不一樣了！三十年前，這句話單純意味著「您的來電對我們來說很重要」。今天它意指「啦啦啦，下地獄去吧！啦啦啦！」

你的語音一次又一次告訴我們「您的來電對我們來說很重要」，但我們每一次聽到的感受都不一樣。

第一次我們聽到：「我們正在跟另一個顧客說話。我們會在通話結束後答覆你。」

第二次：「我真的不知道這人要花多少時間通話。你想掛就掛吧，我們不在乎。」

第三次：「很明顯地，我們削減了預算，嚴重人手不足。我知道你越來越生氣，可能會拿我出氣。你想要我怎麼做呢？我的薪水這麼低！」

第四次：「我不敢相信你還在線上。隨著每分每秒過去，你會掛斷的機率也越來越高（或我們會直接切斷），反正我們不想應付你的怒火。」

第五次：「咬我啊。」

第六次：「可悲啊。」

第七次：「掛掉！」

第八次：「下地獄吧。」

也許這僅僅是我腦海中的對話，但相信許多人都有同感。這是我在把所有事情都放在一邊，拿著話筒，希望你接起你那該死的電話時聽到的；這是我在耳朵開始有點痛，所以把話筒換到另一側，一邊不耐煩地跺著腳時聽到的；這是我得去上廁所，只好用手機打給你時所聽到的；這是我還不能離開我的辦公室電話，因為我已經在線上等了三十八分鐘時所聽到的。

你真的是這個意思嗎？我的來電真的重要嗎？我自己聽到的才重要吧。我是你的顧客，不喜歡在電話線上等到天荒地老或非留言不可。快接起你的電話！

通話分析公司Invoca在二〇一五年的一項研究中指出，百分之七十五的顧客傾向在一次負面的通話經驗之後，投入你的競爭對手。更糟的是，百分之三十的人可能因此在網路上留下負面評價。公司口頭上說「重視顧客」（噢，我知道公司重視收益），但真的重視給收益的那些人嗎？如果是，就會更加珍惜他們的時間、意見，以及顧客想與業者交流的渴望。

這並不是說我們全然不接受短暫的等待，或員工無法休息的情況，作為消費者可能缺乏耐心、要求苛刻，但並非絲毫不講理。我們面臨的挑戰是，不知道這通電話是真的只需要聽一次「您的來電對我們很重要」，或等上四十五分鐘、二十二回合的「您的來電對我們很重要」。我們沒辦法在一開始就知道，這令人沮喪。

業主與顧客利益結合，是實際的解決方法

當然，有某些我們無從選擇的組織。例如如果想要與國稅局接洽，就得聽他們的。《*Money Magazine*》刊登來自〈納稅人權利保護機構〉（*Taxpayer Advocate Service*）這篇

報告，指出在二〇一五年四月十五日納稅截止日前，撥打至美國國稅局的客服專線，只有百分之三十七被接通。

這代表百分之六十三撥打電話的人，曾因厭倦等待而掛斷電話。而那些成功撥通客服專線的人，平均等待時間是二十三分鐘，雖然其他人可能在放棄前已經等上比這更久的時間。

如果顧客是有選擇的，就必須給他們更大程度的信心，讓他們知道預估的等候時間。以下是一些解決方式：

● **提供預估等候時間。**

預估必須等候的時間給顧客，好讓他們據此調整手邊的工作，或在等待時間備好客服人員需要的資料。

● **把「我們有空時回撥」當作選項之一。**

這讓顧客得以繼續他們的工作，而不會花三十五分鐘使工作停擺，只為了等候一通也許只有兩分鐘的通話。

● **適當的人力配置。**

所謂適當，取決於顧客的需求，而不僅僅是業主的現金流。如果業主不能負擔充足的人力以服務顧客，那麼商業模式肯定出了什麼嚴重差錯，例如定價、營業時間、費用管理及商品提供，這些應該要與業主、股東、員工和顧客的獲利結構相結合。如果失去了平衡（對大多數人來說都是場持續的鬥爭），得「出局」的不應該是顧客。為業主帶來收益的人（顧客）以及他們對企業的觀感，應該在業主的經營策略中佔據首要地位。

即使你不相信這些解決方式適用於你跟你的企業，但毫無疑問的是它會對你有幫助。大家普遍對企業的電話系統心存鄙視，種種的缺陷再明顯不過，但這些運用（以及濫用）無所不在。

很多情況下，企業從失望或反感的顧客那裡所失去的收益，已足以聘僱更多客服人員。算帳的會計人員，可以算出少聘僱客服人員甚至資遣他們，將省下多少成本，但業者會失去那些曾失望、生氣，或感到交易造成不便的人可以帶來的收益。業者低估我們的時間價值，並高估我們的耐心時，一旦有別的選擇，我們就會離開、投向競爭對手的懷抱。

業務為何這麼做

你添購並使用糟糕的電話系統，因為相信自己在效率與服務之間可以取得平衡了（但在大多案例中，你沒有）。你的團隊在工作日感覺良好，因為客服人員接到遠比之前更少的電話，因此有更多時間做自以為應該做的事情，那些棘手的顧客被你們眼不見為淨了。

「我們運作良好！」你這麼以為，因為沒有聽到大量的抱怨。**我想說的是你今後不會很常聽到抱怨，因為那些原應抱怨的人，都跑去跟你的競爭對手買東西了。**

顧客為何離開你

為什麼討厭您啊？讓我盤點一下：我們討厭在線上等待；我們討厭在線上不知道要等多久；我們討厭客服終於接電話時自己的無理舉止；我們討厭浪費時

間；也討厭得在你糟糕的電話系統裡迷航一番，明明只需一個真人就可以快速指引我們到對的部門。事實是你也討厭它！

更好的途徑

你知道誰很擅長轉接電話到對的人或部門嗎？是人——活著、呼吸著、思考著、說話著的人。好消息是你也許知道是哪一些人，不是嗎？

照經驗法則繼續賣？別用你想被對待的方式對待我

要瞭解一個人，你得先穿他的軟皮鞋走上一哩路。

——美國原住民諺語

試著傾聽、拿出同理心

大多數商界人士不知道如何提供優良顧客體驗的主要原因，是他們自己也很少體會。業界通常進行合理的交易，偶爾提供良好的服務，但是值得重複與值得分享的經驗卻不多見，因為他們只是為了進行交易與提供強大的服務接受訓練。但要真正取悅並和顧客建立連結，需要對他們有更深層的瞭解，可惜很少公司知道如何做好這一點。

「你不明白，我已經試過所有辦法，但就是無法接通Wi-Fi讓網路覆蓋到我家！」惱怒的女士對客服人員說。

「妳在分享器附近嗎？」客服人員藍迪這麼問。（你想必知道接下來是什麼內容了）

「我需要妳拔掉這個裝置，等三十秒，然後再重新接回。」

「你是我通話過的第三個人，每一個人都告訴我同樣的狗屁話！」她對客服發火。

「我當然已經拔掉又重新接上了。我需要修好它！很抱歉，但我真的很沮喪！」

「好的，我瞭解，所以妳已經拔掉過了，嗯，現在有幾部載具接上Wi-Fi？」藍迪繼續問。

「沒有！零部！沒有人連上線！這是為什麼我打給你的原因！」

我們都能理解這位女士，對吧？客服人員沒有做錯什麼，還首當其衝感受到她的沮喪。這位女士也沒有做錯什麼，她付費買了服務卻不能上網。雙方的感覺與言論都有道理，但這互動中少了什麼呢？

缺少的是服務的同理心：對於一個女士（有三個小孩的疲憊單親職業婦女）的真正理解，以及她憤怒的原因。但從客服人員（白天就讀社區大學、晚上為電信公司工作的單身男子）的角度來看，這名女士不理性、需要冷靜下來，這樣他們才能透過正規程序解決問題。

客服人員所不知道的是，這名單親媽媽工作了一整天，剛剛從托嬰中心接回她的兒子，半小時前才回到家裡，甚至還沒脫掉外套。她十六歲的女兒，正因為歷史課要交報告卻不能上網找資料而抓狂；六歲的女兒捶打十幾次新買的 iPad，只因為試圖下載遊戲總是失敗；而三歲大、在托嬰中心待了一整天的兒子，只是想要獲得一些目光——而可憐的她甚至還沒開始做晚飯！

雖然這個問題終究會解決，**但如果可以更理解電話另一端的人，包括他們的生活、日常與需求，服務同理心的水準便能大大提升**。這不僅僅是讓 Wi-Fi 恢復正常，還能讓今晚這位面對一切都不對勁的單親媽媽，提早恢復正常生活。

但是客服人員藍迪如何能夠知道這些呢？其實，如果他經過適當的培訓，不僅只是該職位在技術方面的訓練，還有行為、社會、情商面的訓練，就可能會有更好的主意。這是公司內部的培訓與文化問題——如果他們夠重視這點的話。**這種透過積極傾聽，以提升理**

解度、同理心及解決問題的方法，就可以帶領企業在「留住顧客」——企業的命脈——這件事情上走得更遠。

以下，是經由提升同理心後的場景：

「蓋曼女士，我知道這可能有多令人沮喪，我保證，我們會解決這個問題，並且我也不會在問題沒能解決之前掛掉電話。」客服人員藍迪以真心理解的口吻說。

「好的，謝謝你！」

「您那裡有小孩在哭嗎？需要去照顧他嗎？若您需要去幫他，我很樂意在線上等候，不用急、不用擔心，我不會離開。」

當然不管哪種情景都很可能解決問題，但何者可以培養忠誠、緊密與合理服務的感覺？哪一種會減少這位忙碌母親對朋友或其他網路上的人，抱怨有多討厭電信公司的可能性？第二種情景對公司來說成本更高嗎？當然沒有，甚至可能增加培養忠誠度後帶來的收益。

這不僅僅是理解與提供服務，對許多企業來說，這是攸關生死的問題。**特別是遇到沮**

喪的顧客時，不具同理心的處理方式，可能會毀掉公司。

父親過去提醒過我，送禮要謹慎。他說多數人買的禮物，都是他們自己會想收到的，而不是別人真的想要的。當然，在婚姻關係中也是如此。我深深替那些為妻子買了「他」想要的修理工具或電子產品，作為「她」的生日或母親節禮物的倒楣丈夫，感到同情。

聰明人會為愛人買「對方」會想要的東西，在商場也是同樣道理，給顧客「他們」想要的服務，而不是你會想提供的服務。

假想顧客的生活，假想他們要的服務

生活中我們很常被提醒那句金句：「好的東西大家都喜歡」。但在商場，不能這麼假定，顧客想要的東西不一定會和我們一樣。相反地，大多數的顧客完全不像我們，他們有不一樣的生活、不同的需求、優先考量的點也不同。唯有真的站在他們的立場想，才能用正確的心態並以顧客希望被服務的方式，創造專屬於他們的顧客體驗之旅。

所以，當我們要求員工，以自己作為顧客時想要被對待的方式去對待顧客時，這中間容易產生誤會。你十六歲的收銀員可能希望你對他的要求非常少；他可能喜歡別人覺得他很有魅力，或讚美他的幽默感；他可能喜歡跟同事或顧客開玩笑；可能喜歡談論他的新車，或數算有多少人喜歡他的ＩＧ貼文。他才十六歲，天啊！

然而，你的顧客可能是一個四十五歲的商業顧問。在三個班次的飛機被延遲後，剛從機場趕到賣場，儘管已經奔波了一整天還是繼續馬不停蹄，因為她是個單親媽媽，得要為四小時前就從學校回到家，並一直傳訊息跟她說「好餓」的小孩去採買食物。她得一直應對疲憊、愧疚和壓力和消化的問題，她想要一切上軌道，然後就這樣撒手不用管。

而你的十六歲收銀員只看到一個衣著凌亂、不耐煩、穿著皺巴巴的套裝，並顯然對閒聊不感興趣的女人。你想要員工以什麼樣的方式對待她？如果由顧客自己決定，她會選擇以被理解、感同身受、尊重並親切的方式被對待。她重視速度與效率。

如果訓練員工理解顧客的種種特質，他們就可以調整待客之道，並將這層顧慮帶入親切、效率、開朗等等基本服務裡。

寫這本書之際，福來雞（Chik-fil-A）已經準備超越漢堡王、溫蒂漢堡和 Taco Bell，成為全美國第三大速食店了——僅次於麥當勞跟星巴克。他們星期天不營業，使得他們的崛起與成功更受矚目。雖然雞肉很好吃，但讓他們脫穎而出的是傳奇般的服務。他們持續地聘僱、訓練、強化他們的服務。

根據《QSR雜誌》（*QSR magazine*）於二〇一六年發佈的年度〈得來速研究〉（*Drive-Thru Study*）報告指出：福來雞的員工是調查的十五家連鎖店中，對得來速的顧客說「請」與「謝謝」最頻繁，也最常微笑的。他們在「行為舉止」的服務項目上，也是第二高分的。

在忙亂的狀態、顧客壓力緊繃時，發揮某種程度的服務同理心，真的會產生正面效果。好的員工可以察覺一位帶著一個嬰兒跟兩個小小孩的媽媽，會需要我們協助把餐點帶到餐桌上；好的員工可以理解一位機上乘客，正要與他的愛人一同搭乘二十三小時的飛機，卻因為座位被調換（他三個月前就預訂了）而不高興。

在你們短暫的互動中，有時被過濾掉的不只是他們當天的壓力，也是他們的日常不便。**你的體貼程度，能直接反應出同理心——真正理解你的顧客。這不僅僅是筆好生意，也是好的人生教育，並且可以成為合適的競爭優勢。**

就像那句諺語：「要瞭解一個人，你得先穿他的軟皮鞋走上一哩路。」你得付出相當的努力，才能拼湊出顧客是誰，才能理解他們的日常、壓力以及工作內容。如果你為一個特定的產業或人群服務，就試著描繪出這個族群的生活吧！

想創造出服務的文化，需要的不僅僅是你的意圖以及大聲喊出公司口號，還得採取行動去更加理解你的顧客，並且不要以「自己想要」被對待的方式待他們，而是以「他們想要」的方式。

業務為何這麼做

傳統智慧告訴我們，人人都想要被以禮貌、親切的方式對待。我們跟自己的團隊說：「夥伴們，這是我們的核心價值！用你想要被對待的方式對待顧客，把他們當皇帝老爺對待！」當然，這訊息被過濾、理解和傳遞的方式五花八門。但這真的是顧客想要的嗎？

☹ 顧客為何離開你

商業中普遍存在的挑戰之一，是服務的不一致。我們不知道會獲得什麼，所以已經不期待好服務。即使服務周到，對於優良服務的形容通常也只是速度、親切感與回應度。我們已經不期待感同身受、顧慮周全、期盼度與熱情。

👍 更好的途徑

忘記對待顧客的經驗法則（the role of thumb）吧！就如字面上的意思，經驗法則只適合用來數姆指的數量。想想你顧客一天的生活，把感同身受強化到你的內部訓練中，研究它、形容它、討論它。

試著跟你的團隊一起模擬場景，並輪流扮演不同角色。給他們小卡，描述顧客的生活、工作、挑戰和其他事實的細節，將有助於日後透過與顧客的互動，猜到他們的生活細節。

我們出這個點子，是因為你的團隊很少有機會學習到這點，或者是第一次得解決這種情況。他們在訓練過程中體驗過幾次之後，就會是準備充分的第一線戰力。有了這樣的基礎，就會創造與顧客之間更強勁的連結，你的團隊也會準備好，以「顧客」想要的方式對待他們。

客訴問題怎麼辦？鼓勵員工解決問題，而非推卸責任

在你年紀大到可以掌控狀況時，責任就會降臨你身上。

——J．K．羅琳

不管誰犯的錯，顧客只想把問題解決

有一個廣為流傳的故事是這樣的：一家公司的總裁坐在大廳，看著員工來來往往，一張皺巴巴的紙一直在地板上，最後被一名清潔人員執勤經過時掃掉。之後的員工會議上，總裁與他的團隊分享這件事，並問誰有責任把那張大廳地板上的紙屑撿到垃圾桶？想當然

爾，答案是每一個人。

在組織中推卸責任有積極與消極兩種形式，兩者皆會對你的事業造成毀滅性的影響。

消極的推卸責任，會體現在忽視一個老問題（例如地板清理）、一通電話，或一個顯然需要協助的顧客上。「這不是我的工作」或是「他們又沒有付我錢做這個」的心態，會對組織產生潛在影響。

我已故的朋友，偉大的哈姆（Brad Hams）寫過一本書，談論他稱之為「所有權思維」（ownership thinking）的概念。他在生命的最後幾年，幫助企業組織創建一種內部員工心態，讓他們視他們的工作不只是一份工作，而是彷彿他們擁有所有權——字面上或比喻上的意思皆是。如果員工覺得與你的事業休戚與共，他們會有什麼改變？

擁有所有權的心態，會讓你的員工不再消極忽視明顯或緊迫的問題，因為他們會一直去尋求更好的服務，與打造更成功事業的方法，而不只是做他們的份內工作。

而積極的「推卸責任者」，會故意把問題推給別人或怪罪別人。畢竟把電話轉給別人，比主動幫助顧客解決問題簡單得多。當然，在許多情況下，或許其他人更有能力處理某種狀況。但就算如此，如果顧客花上二十分鐘試圖反映一個問題後，結果只是電話被轉接給別人，又得從頭來過的他們勢必會非常沮喪。這過程我們都經歷過。

在最糟糕的情況下，員工會在顧客面前或與顧客交談時，出賣同事或其他人，這比在顧客面前說閒話（已經夠糟了）更糟。在這個過程中，這類員工會積極地把過錯推給別人，以維護自己的聲譽並貶低公司。

「對不起，物流不斷地搞砸工作！」當客戶詢問到貨延遲的原因時，氣惱的業務代表這麼抱怨。業務代表想著怎麼擺脫自己的困境時，公司的聲譽受損了，顧客關係也岌岌可危。

這些都不是特例。為了避免不舒服的互動，或者拒絕替別人的過失承擔責任，嫁禍的誘惑無所不在。**然而顧客並不真的介意是誰的錯，他們只是想要解決問題！**這不是個人行為，而是企業文化問題、管理訓練問題。需要公司上下一同，藉由討論情境、角色扮演等等方式，指出並調整這種行為。

我的慘痛經驗是推卸責任、搞砸了生意

我發現自己也會屈服於這種讓自己一身輕的行為。這是節錄於我幾年前寫過的一篇致歉文，當時，我正在幫Vistage International（註：一個全球性的組織，會員以企業的

CEO為主）帶領團隊：某天下午，我去見一個很可能成交的潛在客戶，就叫他麥可，這是我們第三次會面。假設這是對令人印象深刻的公司領導人進行最後評估的流程，我相信麥可和我都覺得他很適合我們團隊，會想要正式申請入會。他會加入CEO圓桌團隊，而我日後則會是他的執行教練。

寒暄了一陣子，我們在麥可的辦公室坐下來。他坐在他的辦公桌前，開始解釋當週公司的內部鬥爭，客服人員跟行政人員互相說長道短。最糟糕的是他們在與顧客對談之間，表達對同事的不滿。他解釋說，當顧客打來抱怨他們的帳單或服務時，行政人員會說那顯然是客服部的疏失，或客服部不管問題為何都歸咎給行政。他很苦惱，不知道這情況要怎麼做才最好。

麥可繼續說：「然後，我上週五收到一通語音訊息，」他去拿起桌上的手機，按下播放鍵。令我訝異的是，錄音裡的聲音是我自己的。

「嗨，麥可，我是大衛・艾弗林，你說對了，電子信件邀請函上列的會議地點是錯的。不知道是辦公室的哪個笨蛋寫錯了地點。」麥可的視線沒有移開我，微微倒帶音檔，「不知道是辦公室的哪個笨蛋……」倒帶。「不知道是辦公室的哪個笨蛋……」倒帶。

「不知道是辦公室的哪個笨蛋……」倒帶。「不知道是辦公室的哪個笨蛋……」。

麥可微微往後靠在椅背上，簡短暫停後，他看著我的眼睛說：「大衛，這是我的困境。我想找一個執行教練來幫助我變成更好的領導人，幫我處理如何應對糟糕的內部行為之類的問題，而這則訊息是從我的主要候選人那裡獲得的。我該怎麼辦？」

他說的時候，我只能點頭表示知道，明白他說的都是真的，而他表達的關切也完全有道理。我搞砸了——全然地搞砸了。不只是因為我思慮欠周全、脫口而出的回應，違反了跟一個值得信任、重視的合作夥伴的合約，也毀了自己的信譽。而導致我的判斷力與信譽蒙受挑戰的過失，不出在別人，而是自己的粗率。

在那個想吐的時刻，我知道我所能做的最糟的舉動，就是找個藉口，試圖不去談這個顯而易見的過錯。因此我承認了我們都知道的事實，我搞砸了。我致歉並告訴麥可，他對我的不良行為的批評是對的，我知道這已損害了我的信譽。

我解釋當時是為了讓自己在回覆時顯得輕鬆隨意，或許還有一點「酷」，我措辭不當。可能因此貶低甚至詆毀了他人（這顯然是無心的錯誤）。我基本上是暗示自己永不再犯這種錯。當然，誰都會犯錯，但不管犯的錯是否合理，把過錯推到他人身上顯然不對。

回想當時我發現電子信件上的會議地點出錯後，回電給麥可的沮喪狀態，我意識到那個言論是缺乏考慮、下意識的膝反射，只因為擔心會損害他對我的觀感。結果我的行為反而減損了自己的信譽，所以我所能做的只有道歉。

雖然我們繼續就洽談中的CEO圓桌會議與他未來參與的價值進行紮實、有意義的討論，但是該事件卻如烏雲般籠罩著對話。很顯然，我身為這公司領袖的專業聲譽，被我自己的行為玷污了，這是一個無法解開的結。麥可最後還是參加了CEO圓桌團隊——但不是我的團隊。那天我把事情搞砸了。隔天，我期望把事情做得更好一點，於是致歉表示應受譴責。

當你的員工專注在推卸責任或過失，而非承擔責任時，公司的聲譽就會受損，顧客關係也會受損，顧客就會跟著流失。

最殘酷、受矚目的案例之一，跟現在已經倒閉的電信服務供應商Qwest有關。聯邦監管機構發現該公司的客服部門，實際上就是業務部門。顧客打電話去抱怨時，會被轉接給業務代表，假裝解決他們的問題。解決方法顯然是讓顧客付費升級的服務，好讓公司增加一筆訂單。更大的問題是，當那些假的業務知道失望的顧客不會購買任何東西時，承諾顧客會將問題上呈給經理以解決問題，但事實上只是讓顧客跟另一個業務代表通話，把他們丟回同個困局裡。失望的顧客被脫手，變成別人的問題。

從顧客的角度來看，不管是積極或消極的卸責，可能會造成兩個大問題：其一是延遲解決問題的時間，其二是顧客的沮喪程度，會隨時間與轉接給另一個人的次數增高而提升。最令顧客更沮喪的是問題在電話中被不斷被轉接，最後落入語音信箱。事情沒得到解決已經夠糟了，還得擔心到底會不會解決？何時解決？誰來解決？

業務為何這麼做

轉移問題是我們大多數人很小的時候就學會的「技能」。無論是逃避責任還是逃避需要排解的工作，推卸責任就是推卸問題。兩者都沒有表現出人類最高貴的特質。

顧客為何離開你

我們需要有人站出來當英雄。問題終將需要被排解，為什麼要拖延或轉移？我們需要有人認領問題的所有權，請停止因為推卸責任而浪費我們的時間。

更好的途徑

教你的員工把顧客的問題視為自己的，讓他們當解決問題的英雄。如果存在允許或支持卸責的文化，人們就會這麼做。別助長這種文化，**把企業文化轉變成勇於承擔責任、解決問題**，並獎勵、激勵這種文化，也為小小的勝利慶祝。

自助加油省成本？別讓自動化縮減服務，顧客才會把錢掏給你

除非你想做點別的，否則什麼事也做不成。

——巴利（J. M. Barrie）

服務被縮水、任務被轉嫁的消費者

無論是出於權宜、效率或你只是不想付錢請人來做，今日推給顧客的責任數量，成長到堪稱荒謬的程度。

例如買完自己的東西後，我們去自助結帳櫃檯，在機器上掃描、付款、自己裝袋，然

後把東西帶上車。除了購物本身，每一項工作過去都是由店員來完成的，過去自然有人幫我們完成這些瑣碎的事情。

這並不表示以前的大家很懶，但過往努力工作為事業打拚所付出的服務是看得到、可預期的，顧客就是被當成國王或皇后對待。在電影《回到未來》（*Back to the Future*）裡，主角馬蒂回到一九五〇年代他曾居住的城市，驚訝於過去的世界是多麼不同。

電影中最有趣的一幕之一，是一輛汽車開進一九五〇年代的加油站，被四個加油站員工「攻擊」，他們立刻開始清洗汽車的擋風板、加油、為輪胎灌氣並檢查機油。同時間，車主的全家人在車內舒服地坐著。這不是納斯卡賽事（NASCAR）的維修站，是一九五〇跟六〇年代的日常生活。

一九七〇年代，自助加油站的出現其實是為了節省成本。人工服務仍然是常態，但自助加油每加侖可以省下幾分錢。當然，今天這是唯一選擇，我們沒得選，想要加油，就冒著雪或雨去加油吧。

得自己加油真的是件糟糕的事嗎？也未必。但這也說明有很多任務已經轉移到顧客身上。有些的確有道理、值得嘉許，可能就只是用手機或在家中完成某些輕鬆的任務。但真正讓我們感到惱火的，是那些在販售地點面對顧客時應該做的任務，也開始移轉給我們。

許多情況下，減少服務直接反映的，是不再雇用員工做習慣有人做的事。**雖然許多「讓顧客自己來」的心態顯然是為了成本縮減，但也有些是賣家所驅動的錯誤自動化策略。**

舉個例子，要病患用已連線的平板，在醫師診療室的諮詢單上填寫基本資料，是個想解決問題的方案。拿觸控筆在平板上勾選項目的確快速又容易，但摸索新科技顯然是件痛苦的事情。當然，一旦我們適應了就會變得簡單些，但我們不是（像他們一樣！）天天都在做，我們只在那裡一天而已。

實情是，在診療室時，我們很可能覺得身體很不舒服，或正帶著需要看醫生的受傷小孩，卻被迫使用這個科技產品，理由是會節省你的時間、讓你更有效率。呃……透過受傷的病人替你做……為什麼我們得要摸索你的科技？那是你的職責！我們只是想要治療好疾病而已。

當然，並非所有的「自己動手做」都不受歡迎。我們喜歡可以透過手機轉帳而不用跑到銀行去，但我們不喜歡在賣場把日用品裝袋；我們喜歡不需要開車去法院，線上就能付我們的停車罰款，但我們討厭要在機場幫自己的行李貼上標籤。事實上，我樂意只要拉著行李到櫃檯並說：「嗨，你比較擅長這個。如果你能幫我做這件事，我會很感激。」（雖然他們會說：「這裡，讓我教你怎麼做。」）

你也許會覺得我是菁英主義者，但跟你保證，我絕對不是。我只是很忙，希望有專業的人做他們該做的工作。如果他們會盡好職責，我也會做好我的。順道一提，我的職責是給業者生意跟錢。如果他們無法有效地依照我的意願做好他們的工作，那我就會找別人。自由市場經濟就是這麼運作的。我只會在我滿意時跟你購買，如果不再滿意，我就會找別人買。

兒子出生的時候，醫生把剪刀給我，問我要不要剪斷臍帶。我禮貌地拒絕並微笑著說：「呃，我想你遠比我更有資格這麼做！」我知道的。對吧？（話說回來，早在女兒出生時，我就體驗過那「美好的」成為父親的一刻，那個魔幻時刻，在我兒子出生時早就不復存在了……）

雖然大多強加給顧客的責任都只是帶來小小的不便，但隨著次數累積，佔用到的時間也頗具分量，而且絕對不會對忠誠度有任何幫助。**對店家來說是效率與節省成本，對我們來說卻是額外的不便與勞力，**而且不確定是否對我們有利。

成本降低，但忠誠度削減

最近，我在機場的櫃檯辦理登機手續時向服務人員指出：登機門的人員印出登機證時，因為改變轉機的緣故，我的ＴＳＡ預辦登機號碼（註：Transportation Security Administration，美國運輸管理安全局）沒有被加到登機證上。櫃台人員跟我說：「噢，那你需要打到會員服務專線，以解決這個問題。」當時我問是否可以用他們的電腦解決問題，但對方重複著說得自己打給航空公司其他部門，然後就撇下我，為隊伍中的下一個人服務。

我想著：「不，我想要你打電話處理好。是你們壞了事。我才從曼谷搭了十八小時飛機，剛抵達德國的法蘭克福。採取一些措施，協助付錢給你的客戶吧！為什麼我得解決你的員工造成的問題？你們比我更懂內部系統的運作，可以在五分鐘內解決的問題，很可能我要花上四十五分鐘，還得趕上另一架飛機。」

但是我沒有這麼說。我希望我有，但我知道那是公司規定。他們不在櫃檯解決問題，是因為被告知不要這麼做。失敗！

這是政策、訓練跟文化的問題。不要只是告訴我們你重視顧客，請藉由釋放權力（要求你的員工認領問題）、解決問題來向我們證明。你能想像這對顧客滿意度的影響嗎？能想像人們可能在他們的社交媒體上張貼的內容嗎？一種是針對你的憤怒與失望，另一種是讓你成為英雄。兩種場景都會被大家看到且沒有效期。你寧願看到哪一種？

我們先前談過顧客總被導向語音系統選單（地獄，還記得嗎？），那就在陰間的某個地方，沒有人喜歡去那裡。那麼為何這麼多人把我們送到那裡去？我們唯一的過錯，就是如此天真地想跟你做生意啊。我們沒有犯罪、沒有虐待動物、沒有欺騙修女和孤兒，只是膽敢打電話給你，希望能跟真人通上話。那通電話如果是由熟練的真人接聽，可以在僅僅幾秒內，就把我們轉接給正確的專人或部門。但探索您複雜的組織結構這項任務，已經被轉移給我們，因為省去雇用第一線人員的成本，是個難以抗拒的誘惑。

我們打電話去想要問的那個問題，本來應該很快就能得到答覆，結果卻得在線上等候近一小時。之所以會這樣，是因為你在決定雇用你的顧客（無償雇用！）成為新的接線人員時，沒有把常人的反應考慮進去——我們的耐心有限。

顯而易見的是，你不想要回答我們的問題、想要我們自己去找出問題的答案，所以我們被導向網站上「常見問題」的欄位。我們辛苦地瀏覽、搜尋並自己找出答案，而你明明就可以輕而易舉地回答。噢，可是你厭倦回答問題了。為你的顧客、關於你的事業，我完全明白。

再說一次，當我們被要求在顧客身分上負擔更多成本時，對於花費感受到的價值會隨著時間遞減。例如「為什麼吃自助餐，還要付百分之二十的小費給服務生？」

每當有以往不用親自做的新任務務轉移到顧客身上時，那些已建立的良好關係、那些善意與正面的感受便會漸漸消失。當你已經這麼努力地打造事業、研發產品、改善服務並做到最好，卻只是給顧客徒增負擔，問題出在你。

業務為何這麼做

你之所以把工作與責任轉移到顧客身上的主要原因，是想降低人事成本並保持價格競爭力。大體說來，減少開支是聰明的舉動跟作戰策略。有什麼問題嗎？你所有的競爭對手都這麼做，這看起來很基本。顧客可以輕易地幫自己的行李貼標籤，或打包自己買的日用品，他們才不會介意。我們又不是對他們要求太多。

但挫敗與厭煩感是會不斷累積的，造成某些人開始尋找替代方案。

顧客為何離開你

就只是不方便罷了，尤其是在我們趕時間的時候。我們會這樣想：「你天天都在這個產業裡工作，有經驗的是你，為什麼我們要做你的工作？我也有工作啊，何不我做好我的工作，你也做好你的工作？」

更糟的是，這不是員工的錯。是公司決定要把任務轉移到付錢的顧客身上，而員工卻是民怨首當其衝的對象，還得教顧客如何完成工作。蠢！

更好的途徑

你總是向效率看齊，但如果員工減少的工作項目，得轉移到購買商品的顧客身上，這就是不明智的舉動，很可能讓你得不償失！

不要隨波逐流。你可以稱那些「自助式服務」為潮流、變遷甚至顛覆，但這不會讓你的營業額有所提升。盡可能先靜觀其變或逆流而動，重新導入別人淘汰的東西，這能成為你的競爭優勢或讓你保有競爭優勢。

如果顧客需要服務，就歡喜地去幫他們做！你的顧客會察覺、感激，並以更多生意與忠誠回饋你。

老業務教我……死纏爛打已經過時，學會取得雙贏的平衡點

如果你未曾離開，我如何想念你？

——知名歌手，希克斯（Dan Hicks）

別轟炸你的老顧客

你有沒有遇過第一眼看起來很好的人？他或她人真的很好，你們看似有很多相同點，某種程度上，你們還互相吸引。一開始看到這個人時很愉悅，期待有更多交集。但隨著時間過去，甚至在很短的時間內，這個新朋友變得非常需要你，開始有點過於頻繁地打電話

或傳訊息給你。

「嘿，你好嗎？你在幹嘛？今天忙嗎？你跟誰在一起？你在做什麼事？為什麼不回我訊息？你生氣了嗎？在睡覺嗎？你在幹嘛？」

你是否發現自己有點不知所措，試圖找藉口逃避那個人，但他或她就是停不下來，一直不斷不斷不斷地聯繫你？

如果你有信件自動回覆功能、廣發群組信或過度對你的顧客一再索取評價，你就是我們說的那個「第一眼看起來很好的人」。

許多嬰兒潮、X世代的美國人，或許還欣喜地記得《西爾斯許願冊》（*Sears Wish Book*）這本令人驚奇的假期型錄，每年秋天都會寄送到數百萬人家中，其中收錄大量西爾斯實體商店販賣的商品，也可以預訂並指定於耶誕節或猶太修殿節（Hanukkah）前送達。西爾斯的全盛時期出現得遠比網路時代更早，而這本許願冊就很像當時的亞馬遜。

每年秋天，我和兄弟姐妹就會翻遍這本型錄的每一頁，折起書頁並圈選我們想要的商品。我們一人用一種顏色的筆，期待耶誕老人帶來我們想要的禮物。我們的父母為我們選購，而小孩們為彼此選購。每年我們都很期待從信箱裡拿到這本型錄。

現在想像我們每個月都拿到一本型錄——或每個禮拜，甚至每週好幾次呢？那本型錄就不再特別，可能變成隨手扔的東西。當然，**一年一度跟天天轟炸之間必須存在一個平衡，這是這個章節的重點——平衡。**

我們雖然跟你買過一次商品，但這不代表想要天天都聽你兜售新產品——好吧，你手上的數據也許建議這種策略是有效的，因為會有些人還是會買單，但我不知道你是否意識到付出的成本多麼龐大！

請認真思考一下：每一個把購物清單放進線上購物車或到你店裡消費的人，都是準買家——非常好！表示他們夠喜歡你，願意花錢購買你的商品或服務。沒有比他們更能指望的了。

從邏輯上來講，這些就是你想要培養、好好對待並討好的顧客。從著名的八二法則（註：Pareto principle，指約僅有百分之二十的變因，操縱著百分之八十的局面）來看，他們就是那所謂的二十。許多甚至是那令人垂涎的十！但你做了什麼呢？你用銷售資訊轟炸他們，每週、每天或甚至一天好幾次！這些你應該愛護的人，反而被騷擾；這些你應該小心對待的人，卻遭受疲勞轟炸。

你的營收數字可能告訴你這會是成功的策略。你當然是在為業績努力，**但事實上你已經干擾到大多數人。他們甚至不只是潛在顧客，而是真的付錢跟你買過東西的人！**

如果你沒有讓他們失望的話，原本許多人可能往後幾年都會繼續當你的顧客，但你卻犧牲了他們來換得短暫的滿足，本來可以是要好朋友的，卻成為令人避之唯恐不及的煩人存在，或者更糟，不再是朋友但卻甩不掉，所以他們取消訂閱，你永遠失去他們了。本來可以是段美好的關係，但因為你太黏人而搞砸。該死。

別在網路上過度行銷、一再索取評價

另一種大家不想要的聯繫，是在社群媒體搭上線後的連珠砲。我們在社群媒體上跟你產生交集，並不表示歡迎你對我們展開冗長的推銷。

「嗯，他的事業看起來很有趣，我想我會發送個交友邀請。」一有人有天這麼做了，二十秒過後，長達四頁的自動回覆訊息寫著：「感謝您加我為友。我有一個簡單的問題。你上一次檢查自己的財務投資配置，並嚴格地對自己長期的安全保障提出問題，是什麼時候？」

太討厭了！這真是虛偽，我又不認識你。你沒有取得任何對我展開推銷的權利，現在並不是從我這挖錢的時機，這讓我全然後悔點開你的名字或邀請你加好友。

一個交友邀請就只是——一個交友邀請。這不等同你得到向我兜售的許可。更糟的是，你對我一無所知，因為你的廢話中充分證明這點。

你想要告訴我怎麼寫，並出版一本我自己的書？真的嗎？我已經寫了五本了；你想要告訴我怎麼讓別人付錢請我去演講？我已經當專業演說家當了二十年了；你想要讓我看網路行銷如何增加我的營收？我已經教行銷學教了二十年了。你對我一無所知。你電子信箱的「郵件合併」功能，可能會把我的名字寫在信件的開頭，但是這種程度的客製化，並不讓人滿意，老兄。自己留著吧！

你能想像在銷售會議上，對於銷售的對象或企業沒有任何的研究嗎？自動回覆系統跟制式化信件就是這樣。它們行不通，更糟的是還讓人感到被侮辱與冒犯。你越常發垃圾信給我們，我們就越不可能消費。

準備離開結帳櫃檯時，人們很常被要求填寫電子信箱，我都會禮貌地拒絕。一名年輕女士在收銀機幫我結帳時，問起我的電話號碼，我跟她說我很開心，但對她來說太老了。她會結結巴巴地說：「不，我的意思是……」（當然，這麼說時，讓我十幾歲的孩子們感到難為情，但這讓事情更有趣。）

我們都不願意把電子信箱給收銀員，因為我們知道接踵而至的會是什麼：除了關於購買經驗的調查之外，被大量的行銷宣傳和促銷特價給淹沒。然後我們的資訊會被賣給別人，繼續被糾纏不停。我一開始只是要幫我的車買一副雨刷，並不想要與你或你全部的朋友「共結連理」。

再說一次，這些是你最好的顧客跟客戶！他們原本喜歡向你買東西，但你選擇淹沒、騷擾、冒犯、跟蹤並過度調查這些人？是可能會在網子裡撈到一些人，但大多數顧客，都會為了拒絕被打擾而離你遠去——你絕對不是在傳播善意。

談到這個話題時要知道，**不情願的調查會把開心的顧客變得不開心**。

我們也知道，你這麼苦苦糾纏，是希望在問題萌芽之前就解決掉。顧客如果有任何不滿意，你想要盡快找出來，就可以改正問題。更重要的是，你想要安撫不滿意的顧客，讓他們覺得心聲被聽到，就不會在網路上散播抱怨。

但有些明智的做法可以提供我們學習。我看過餐廳的牆上或桌子上有這樣的標語：「如果哪裡不對勁，請不要告訴Yelp，告訴我們，我們會改過來。」尊盛飯店（Embassy Suites）也在房裡的浴室盥洗檯上，放了一小塊路賽特有機玻璃，上面寫著類似的標語。

原因很明白，這不僅僅是為提供優質服務，更是認知到死纏爛打會造成什麼深遠影響。

系統自動寄出的電子信件，就像是鄰居那隻討人厭的狗，牠在你私人領域東聞西嗅，看起來可能沒有惡意，但時間一久，還是會讓我們感到非常不舒服。

我也知道，你在網路上無可避免地會收到一些不中聽的評論。不是每個人都會喜歡你以及你所做的事情，這不過是人類天性。但不可否認，想辦法讓自己的網站產生一些正面評價，是個聰明策略。只不過當你請求評價、留言或回饋卻沒有得到立即答覆時，表示我們不想要填寫你的表單！如果日復一日一再地問我們，我們會反感。

你努力不懈地想要搾取我們的意見時，挑戰就出現了。你不斷不斷地調查，又詢問又傳訊息又發電子郵件，希望我們不會拒絕花上十分鐘，去評價和你那四十五秒的互動！別擔心錯過我們，過一兩天你會再問的。如果我們忽視了這個請求，你遲早會再一次跟蹤我們。

諷刺的是，你不斷反覆地向你開心地顧客請求給予正面評價時，會如有魔法般地（或悲劇般地）把我們先前的良好體驗，轉變為差勁的感受。我們真的喜歡你，但現在不是了，因為甩不開你。

業務為何這麼做

要向你的老顧客推銷時，一句老話說得好：「最可能跟你買東西的人，是曾經跟你買過東西的人。」花時間、精力與金錢對老顧客行銷是聰明的。這在政治上行得通，在商場上亦然。更好的方法是，你掌握越多顧客的消費偏好與細節，就越能掌握適合行銷的方式、內容跟時間。聰明的策略。問題出在於頻率與缺乏客製化。

顧客為何離開你

很簡單，我們被那些向我們轟炸、跟蹤、糾纏我們的公司壓垮了。就像我兒子的老師要他寫一份大報告也許是合理的，但如果每位老師都同時出這個作業，他會喪氣且不知所措。

我真的很欣賞某些公司，但這不代表我想要每個星期或每個月聽到他們的消息。見鬼！很多樂團我都想要去看現場表演，但我不能想像每個禮拜都看的時候，我還會很享受。

更好的途徑

留下空間。你希望顧客期待聽到你的消息，於是選擇打持久戰，這點就「對老顧客行銷是聰明策略」這點來說，你是對的。**但對任何人過度行銷，是糟糕的策略，更別說是你最好的顧客了。**停止這麼做！

至於調查，問一次或兩次就好，但不要做更多也不要再問。你知道電腦程式可以限制發送訊息的次數。如果你在每一筆交易或交流後，都要調查每一位顧客，並沒完沒了地重複你的要求，那簡直是搬石頭砸自己的腳。

競爭者出現時……傾聽顧客的需求，別管競爭者怎麼做生意

卓越是一種無限的能力，可以改善你所提供的品質。

——知名籃球教練皮提諾（Rick Pitino）

顧客往往看到業者沒有的

「嘿！為什麼她有兩塊雞翅但我只有一塊？這不公平！」隔壁桌的四歲小孩抱怨著。「你拿到一塊大的，她拿到兩塊小的，所以是一樣的！」他們的媽媽回答，試圖和緩氣氛。

但對一個四歲小孩來說，這不一樣：他忽略了他所擁有的，專注在他沒有的，這是人的天性。不管你稱它為「半空的水杯」思維或者已經努力往正面想，人們總是會把大部分心思放在沒有的事物上。在商場上，業者所沒有的東西往往會破壞顧客的體驗，讓他們不太滿意。

你有提供Wi-Fi、無麩質或全素的選項、托嬰服務或換尿布檯嗎？有設置禁菸區、無障礙空間、大字版菜單，或能讓我們一邊用餐一邊充電的插座嗎？在這個屬於科技、創意設施和看似失控的無麩質運動世界裡，有時候顧客會因為你「沒有」提供的東西，而不得不離你而去。

我曾在機場的一家餐廳排隊等候入座，看到旅客一個接一個向服務生詢問附插座的桌子，但只得到：「我們沒有任何附插座的桌子」的冷漠回應。然後這些潛在客戶便一個接一個地離去了。

生意流失了，只因為沒有插座而流失營收？這難道不是很容易解決的事嗎？三、四個顧客帶來的利潤，不就打平安裝新插座的費用了嗎？**想想顧客想要並期待，但你沒有提供的東西是什麼？相信我，你的顧客正朝著競爭者走去。**

你有一套專用系統用來追蹤顧客的需求嗎？是以傳言、非正式的方式偶爾傳到領導者那去，或是由專人記錄下來？有多少人詢問特殊餐點（無麩質選項、素食選項）？顧客經常詢問Wi-Fi、插座、吸菸區、親子友善或謝絕兒童區嗎？

為什麼你的網站上沒有列出電話號碼？啊，對了，你不想要顧客打給你。笨蛋。為什麼你不提供Wi-Fi？啊，對了，你不想要顧客待太久。別擔心，他們當中很多人都不會來，或不會再光顧。問題解決了。

在湯姆．漢克（Tom Hanks）導演的電影，《擋不住的奇蹟》（*That Thing You Do!*）中有一個場景：主角的爸爸在上班時邊讀報紙邊搖頭。身為一個電器行老闆，他很不樂見有新的競爭者要在星期天開門做生意。「我不會想要住在得在星期天營業的國家裡。」他嘆氣道。

但今日，不論白天晚上，無論何時你都可以買到任何東西，只有少數的店家有營業時間限制。我不是指責你不瞭解市場或一定得延長營業時間的效益，而是提醒你，顧客已經改變了，至少他們的期待已經改變了。

如果你不延長營業時間，他們會找到其他這麼做的人；如果你週末不開門，其他人會。你可以取消飛機上的提供毯子服務，但乘客會冷上幾個小時，並會深刻記得搭你的飛機得挨冷受凍。

「你沒有任何毯子？拜託！付錢也買不到嗎？區區一條毯子？」

「沒有，很抱歉。」

你沒有嗎？想一想吧！

現在，更棘手的部分來了。有些以前沒聽過的請求或需求，今日顯得越來越合理了。他們不總是符合經濟效益，但就是存在。

「你有免費外送餐點服務嗎？」——越來越多店家提供這項服務。

「免運費呢？」——大型商家提供這項服務。

「當天到貨服務？」——在地的商家可以做到。

找到其他優勢，填補缺口

再說一次，也許在這個議題上，就是無法在經濟效益上與大型競爭者對決，但要知道對許多行業來說，這是一項迫在眉睫的挑戰。如果亞馬遜可以用低利潤、高銷售量的方式成功（還免運費），其餘的人要怎麼生存？朋友們，這不是反問法，我們要找出答案、找出辦法。

如果有什麼商品或服務你就是無法提供，那麼得用其他對潛在客戶有吸引力的部分填補，好留住他們。我不是建議採用潛在客戶希望的價碼販賣商品，但你得把競爭對手提供的條件考慮進去。他們相較於你，是有吸引力的選項，並正在積極地爭奪你的顧客，不容忽視。那麼你可以提供什麼呢？

你的顧客不會只注意到你沒提供的東西，他們還會記得、會埋怨，並很可能告訴其他人。認真努力想想每一次你或你的員工說「不」的時刻，若能讓他們把每一次說「不」的情境記下來更好。

記住，你不會是自己的顧客，所以不要老想著什麼對你是重要的，而是該留意什麼對顧客是重要的。如果他們總是在詢問那幾項你沒有的服務，找出合理的替代方案滿足他們。通常，由那些被你趕走的顧客所損失的收益，就足以提供他們想要的物品或服務。

有一次，我在找和同事聚餐的餐廳，不確定我感興趣的那家中午有沒有營業，而我也無法在他們的網站上找到營業時間資訊，所以就選了另一家比較容易找到營業時間資訊的餐廳。

沒錯，其他的事情都不是大問題，只是我們會特別注意到你沒有提供的東西。例如：

- 在飯店房間裡，床的側邊沒有附插座。（呃，現在是二〇二〇年了，花點錢升級你的房間吧！）
- 沒有能幫嬰兒換尿布的地方。（這問題在男廁更為嚴重。想想吧！）
- 廁所裡沒有掛外套的掛鉤。（得有人為此負責，這不該是事後才想起來的事。）
- 在市中心以外不提供免費外送服務。（如果其他人提供這項服務，你就完全處於競爭劣勢。）
- 廁所裡沒有空氣芳香劑。（如果你有想到這一點，大家會感激你！）
- 餐巾紙放在櫃台。（為什麼我們要開口問才能拿到餐巾紙？真是莫名其妙，請直接放在桌上。）
- 不接受信用卡。（讓我把這個刻在石碑上好提醒你一輩子。）
- 浴室的洗臉盆沒有熱水。（員工也是用冷水洗東西嗎？真是夠了。）
- 停車位不夠。（請安排更多車位。顧客若知道停車是個問題的話，就不會光顧。）
- 提供二十四小時的聯繫方式。（若你堅持在正常營業時間營業，這代表每天二十四個小時中，有十六個小時聯繫不上你，外加週末，嗯。）

- 週末營業。（同上。）
- 隔天到貨。（沒錯，我們被寵壞了。的確是，但我們有錢，你到底要不要賺錢？）

業務為何這麼做

大多數你沒有提供的東西，都與最初的商業模式有關，你可能會辯駁：「這就是我們向來做生意的方式，這些就是我們提供的設施與服務。」

但今日大多人的需求都是隨著時代變遷而生。好比我此刻置身的這棟建築物蓋好時，Wi-Fi還不存在，十年前的我們也不需要這麼多個插座。但競爭對手搬走你的乳酪時，挑戰來自於創業者的堅守心態是否能有所改變。

顧客為何離開你

世界改變了，顧客的期待也隨之改變。我們認為你之所以缺乏遠見、洞察力或反應力，是因為你輕忽了。其他人都在乎設施的更新，顯然你是例外。而如果你不在乎我們，我們也不會把你當回事。

更好的途徑

傾聽你的顧客。他們正告訴你想要什麼、以及他們期待能從賣家那裡買到什麼。你不需要總是說「好」，但得要在未來的幾個月或幾年裡說得更頻繁。你可以堅守原則，也可以記下需求；可以拒絕更多的開銷，也可以投資設備以確保你的事業不被淘汰。你需要更大膽地想、保持靈活度。重要的不是你想要賣什麼，而是他們想要買什麼。

問題來了：什麼更有價值？賣給顧客他們一直都喜歡、別人也在賣的東西，從中賺五十元美金；還是提供一項連公司創辦人都會從墳墓裡起身探看的新玩意，賺取源源不絕的的五十元美金？

你早就知道答案了。

重點整理

- 透過傾聽顧客的需求，以提升理解度與同理心，可以帶領企業在「留住顧客」這件事情上走得更遠。
- 如果訓練員工理解顧客的種種特質，他們就可以調整待客之道，並將這層顧慮帶入親切、效率、開朗等等基本服務裡。
- 忘記對待顧客的經驗法則吧！就如字面上的意思，經驗法則只適合用來數姆指的數量。
- 雖然許多「讓顧客自己來」的心態顯然是為了成本縮減，但也有些是賣家所驅動的錯誤自動化策略。
- 如果顧客需要服務，就歡喜地做去幫他們做！你的顧客會察覺、感激，並以更多生意與忠誠回饋你。

業務筆記

NOTE

第 4 章

如何讓服務升級？思考如何改善現有狀況！

管理好你的員工！如果漠視他們漫不經心的工作態度，你的事業會開始走下坡。做好領導的工作，員工和顧客都會感激你的！

你的管理方式起不了作用（手下業務沒事滑手機……）

像你得傾盡餘生般地做好你的每一份工作，並證明你擁有它。

——通用汽車總裁，瑪麗．芭拉（Mary Barra）

讓好的服務成為企業文化

「這些欠揍的孩子不想好好工作。他們姍姍來遲，還覺得我應該放輕鬆點！總是在應該幫助顧客時滑手機，而如果嘗試糾正他們，他們會說：『去你的，我要離開這裡！』我該怎麼做？」

我來告訴你該怎麼做：做好你的工作，管理好你的員工。如果一名惡劣員工因為沒做好份內的事而離開，那很好！反正他在下一個工作也會得到相同的教訓。別跟我說多一個有溫度的人總比沒人好。並不是。剛死的屍體也還有餘溫。你的顧客與客戶值得從你這裡獲得更好的——不只有你值得更好的！

糟糕的顧客服務，反映了管理者無法負起讓員工提供優質服務的責任。**員工的態度輕慢、滑手機、不認真工作與無法提供良好服務，不是他們的問題，而是上頭領導能力的問題。**

軟弱的領導者不是懶惰，就是無能或者膽怯。他們不在意，所以員工更不在意；或者他們害怕咎責部屬會失去員工；或他們只是缺乏成為一個有效管理者的領導技能。如果以上的任何一項印證在你的團隊上，那麼我保證你的顧客正在流失中。

不管原因為何，如果領導者沒有要求提供優質服務，員工就不會努力付出。當服務品質變差、顧客感到不那麼受尊重時，他們就會成群結隊地流向更好的選擇。再說一次，因為他們可以這麼做。

你應該聽過這句俗語：「容忍就是變相鼓勵。」**當服務標準設定得很低、品質良莠不齊時，就是管理者的失職。**你可能以為提高標準會導致員工不滿，研究顯示正好相反：

「對於服務與行為有最高要求的組織，擁有最快樂的員工。」因為提供優良服務不只讓顧客開心，員工也會有成就感，雙方就會對彼此更好，這可不是什麼高超技術！

電影《飛進未來》（*Big*）裡有一幕著名場景：當湯姆．漢克在辦公室要開始工作時，隔壁的同事催促他慢下來，因為如果他工作效率太高，每一個人都得更加努力工作了。這一幕看見了企業文化決定表現水準，而文化是由上而下創造與培養的，這在任何工作場合都一樣。表現不佳或態度懶散若成了企業主流文化，每個新員工都會慢慢地感染上這種萎靡態度。

相反地，當標準設得很高，抱持的期望也會很高，員工們不會容忍差勁的服務或表現，因為懶散的人顯得很突兀，而表現不佳的人會被瞧不起。普遍優異的表現，造就的是一致優異的服務品質，每個人都在意顧客，因為「那是我們的職責」是被推崇的共識。

我們經常看到的一些差勁服務，都是來自提供一次性服務的公司。機場的餐廳就以差勁服務聞名，儘管有些服務生會努力工作以賺取小費，但大多數顯然不太在意，因為「反正我們也不會再見到這些人」。

有一次我正在芝加哥奧黑爾機場（O'Hare airport）的連鎖餐廳門口，排在相當長的等候隊伍中間。裡面有不少的空桌子，但大部分都很髒。隊伍根本沒前進，服務生慢吞吞地一次次走過，沒有意識到變成長龍的隊伍。

向來敢言的我排在隊伍中第五個，朝服務生喊道：「抱歉，我們可以找位子坐下了嗎？」

她轉過頭，瞄了隊伍一眼，很有個性地說：「等輪到你的時候！」

於是隊伍中排第一個的人羞赧地問：「輪到我了嗎？」

服務生抓起菜單，轉過身走進餐廳。剛才發問的那位問其他人：「我應該要跟著她走嗎？」

進了餐廳，狀況沒好到哪裡去。每個人看起來不是很悠閒，就是很懶、漠不關心，沒有提供合理水準的服務。我不知道誰是經理或負責人，但顯然沒有人負起該負的責任。儘管我很想對冷漠的服務生生氣，但他們根本不會在意。我要從芝加哥前往丹佛，他們不會再看到我。如果管理者不在意，那麼他們何必在意呢？就這兩點而言，他們沒錯。

管理好員工有五步驟

我的目的不是要毀掉一家企業，而是要提醒你，顧客注意到了。顧客在意、看著並分享資訊。他們不會只跟幾十個朋友說，而是要跟數千（或者數十萬）個閱讀這本書的人大聲說說。

對於員工普遍表現不佳的服務，該如何對症下藥？用領導力、模擬、教導、管理與兢兢業業這五個步驟。

- **領導力**：由你來主動掌控、建立每一項計畫。軟弱的領導人會避開令人不舒服的衝突；有魄力的領導人會直接面對問題、為部屬設立標準。他們會向你看齊，而你得克服困難。
- **模擬**：你必須親自站在第一線，模擬出期望員工該有的行為，並確保他們能聽進你的叮嚀。
- **教導**：你的員工不是與生俱來就具備技能。你接手了員工的不佳態度，但可以教導他們往後需要知道的技能。
- **管理**：若沒有管理、監督和問責，就不會有好事會發生。你不在的時候，得要有人負責，不只是負責管理商業交易和事務，還要負責管理人！
- **兢兢業業**：如果你想要，也可以用「一致性」來取代這個詞。重要的不是鑼鼓喧天的宣誓儀式，而是每一天、每一次互動、每一個情境——今天、明天以及每一天。你必須堅持你的期望，維持高水準的表現。懈怠或服務品質不穩定時，你的顧客會察覺到。

就像孩子剛拿到駕照時，父母會告訴他們必須小心謹慎，要假設馬路上的駕駛都不會遵守交通規則。同理你得當作每一個顧客都在找尋藉口離你而去，別讓你的員工自己奉送那個藉口。

「有人隨時在盯著你！」

二十五年前，我在一個叫做「小餐館」的純人聲樂團唱歌時，學到了寶貴的一課。我們的演出頗有水準，經常受邀到各酒館演出，也有各種私人聚會與其他活動的邀約。

某年的夏天，我們受邀到科羅拉多州的一座滑雪場，要在一場極盡奢華的婚宴上表演。這家人花了大筆錢，在山腳下的一頂巨大白色帳篷內舉行宴會，我們被安排在帳篷內某一端的小舞台，有環繞音響、麥克風、支架等設備。餐桌佔據了大部分的空間，在我們的舞台中央還有一座小舞池。

在這樣的場合中，我們自然不是焦點，只不過是一些人跳舞、大多數人在大帳篷內社交時的背景音樂。

如他們所要求地扮演背景音樂時，我承認心態開始有點走歪了。樂團成員無意間的笑點彷彿找到知音，試著從這裡、那裡偶爾改變一句歌詞、逗笑一位聽眾，然後決定不管有沒有人真的在聽，我們開心地玩了起來。

在中場的短暫休息時間，一位穿著高尚燕尾服的老紳士朝我們走來。我以為他是想點歌，但當我從舞台前緣傾身時，他附在我的左耳、用非常平靜卻直接的語氣，說了一些至今仍令我震撼的話。

「兩件事。記住有人一直看著你們，以及有人付錢請你們來表演。」他說。

說罷他便後退，眼神盯著我，轉身重回婚禮派對時，對我挑了挑眉。我想吐——他是對的，毫無疑問！於是我快速把夥伴們聚集起來，轉述老先生的話。這讓接下來的兩小時表演煥然一新——接下來的幾年也是如此。

幾十年來，這堂課一直縈繞在我心頭，他的話在社群媒體蓬勃的年代更加正確。不只是每個人都在看，大家也隨時在記錄、報導。**你必須假設你事業上最糟的行為，都會被注**

意到、被記下並被分享。這適用於你團隊中的每一個人，及每一次與顧客的互動與交易。

在提供與管理優質服務方面，其中一個顯而易見的問題，就是期望本身不夠明確、具體。態度是關鍵，但態度本身也是能經由傳授、加強並期待的行為。

「對待每個客人如家人一般。」這句話有點難捉摸。我們對待每個家人的方式各有不同，對某些人比其他人好。我也知道有些人對家人極為粗魯，因此更好的闡述方式是：「用眼神交流與微笑對待每個客人，無論對方是誰、無論何時。朝客人走去，你會是第一個向他們打招呼的人。試著學習那些用在電話上、櫃檯前、收銀台等等，如何問候客人的精確字詞。」

如果標準從上到下都一致時，員工就會去遵從並把自己提升到合乎企業期待的標準。而若要讓你的員工知道該符合什麼程度的服務水準，你得告訴他們、訓練他們，還要強化並重複這個標準，並讓員工對此負責，否則便起不了作用。

逆耳的事實在於，如果你吹噓有優質的顧客服務，卻沒有特定的訓練模式；如果你不以員工服務顧客的表現來評量員工；如果你不獎勵達到你設定標準的員工，那就沒有資格這麼吹噓！為什麼？因為你沒有辦法保證優質服務的一致性！只是空口說白話。

另一個問題則是，你不在的時候，誰要負責確保員工繼續遵從優質表現？老闆不在的時候，小型企業員工的怠惰現象並不令人意外。例如酒吧老闆不在時，調酒師過度斟酒、半買半送、貨品搞丟以及偷懶狀況大幅提升。而建立一致優良的服務文化，與領導者在上班時段積極出席，兩者直接成正比。如果你無法在現場負責，也得要有人這麼做。

業務為何這麼做

管理很難——好吧，然後呢？事實是你就在商場裡領導一個團隊，儘管討厭那些關於人的麻煩事，但你有義務挺身而出，去完成職責中艱難的部分，也讓你的員工為他們領的薪水負起責任。如果你的管理者不願意負起他們的管理責任，那麼他們十分需要接受培訓、調職或被解聘：挺起胸膛或回家吃自己。

顧客為何離開你

每個人都厭惡差勁的服務，更厭惡自己的要求被當耳邊風。得要有人為團隊負起責任，如果管理不當，讓我們覺得不受重視，一切便會分崩離析——你將會慘輸給有魅力的競爭對手。

更好的途徑

管理階層需要基於團隊的表現來評估、獎懲。訓練員工、讓他們成長、給他們權力、不吝於獎勵，並確保他們擁有成功所需的所有工具。

如果你是那個管理者，上前一步，夥伴！無論得從哪裡找到動力，上前一步！成為那個你的團隊及你的顧客需要的領導者。好消息是，你這麼做的話，每個人（除了得要離開的人之外）都是獲勝者。

讓我們感受到你在意你的生意（門市清潔不落實……）

女王覺得世界聞起來像是剛粉刷過。

——英國諺語

不要使你的店面，陷入負面感受

最基本、原始的層面上，人們會避免感到不舒服的情況發生。在麥爾坎．葛拉威爾（Malcolm Gladwell）具有開創性與啟發性的著作《決斷兩秒間》（*Blink*）中，他寫出影響我們對情勢、環境和地點的感知潛意識因素：會突然感覺到某件事情好像不太對勁，這可能是因為大腦處理的能力超出我們意識的理解力。正是這些細節、小事情可能改變我們的感知。

一條陰森的小巷，或者是一座寒冷、有霉味、感覺像是住著壞蛋或可能使你遭受突擊的商場。燃燒的油煙味，讓我們聯想起年少時代骯髒的街頭小販或某頓糟糕早餐。我們經由感官體驗到的一切，都被我們對世界的看法、過往的經驗與記憶所過濾。

若無法為員工提供一個乾淨、安全、整潔的工作環境，顧客逛街或購物時，也會有同樣的感覺。我們會把缺乏效率的表現或令人質疑的維護，與負面感受、不佳情緒連結起來，而懷舊古老與破敗不堪之間存在巨大差異。

我們看到你骯髒的浴室時，便知道一些關於你的重要訊息，包括你的思想、你的職業道德、你的領導風格以及你看待事情的優先順序。當我們看到座位上有裂縫、天花板吊扇上的灰塵以及燒壞的電燈泡時，我們好奇還有什麼是你沒有注意到的。當我們看到你的餐廳候位區，還擺著布希總統第一屆任期年代的雜誌時，我們就知道有些事項被忽略了。

許多這樣的情景，都在《利潤》（*The Profit*）或是《酒吧救援》（*Bar Rescue*）這類的商業實境電視節目上出現。通常，《酒吧救援》的主持人約翰．塔佛（John Taffer），在考慮把錢投入酒吧時，會因為酒吧缺乏基本的清潔與維護而把老闆罵一頓。因為單憑這一點，往往就能很準確地預測顧客會成群結隊地跑走。很明顯是因為老闆不上心，而如果酒吧老闆都不在意了，員工自然也不會在意。

那麼，這對顧客和潛在客戶傳遞了什麼資訊呢？真的有影響力嗎？讓我們從兩個角度來看：「安全選擇」與「競爭市場機制」。

有一派人主張「每人都會盡可能在購買、聘雇和簽約的時候做出最好的決定」。理所當然，人們總是想做出最好的決定，但問題在於，無法分辨什麼才是最好的決定，因為每位商家都表示自己是最棒的。現實情況是，人們不想搞砸，所以避免做出糟糕的決定。

我們知道無預警停工一天、一頓糟糕的餐飯、安裝失敗、延遲送貨或糟糕服務，會讓事業付出多大代價。顧客不想要冒險，假設擺在眼前的所有選項，價格都很有競爭力，他們會選擇安全的那一個。

當然，安全是相對的，這取決於產業性質。如果我們想找一位財務規劃師，帶點代表年紀與智慧的白髮讓我們覺得很安心，他已經有過些經驗了。

同理，已經在業界佇立百年、建造三分之一當地大樓的承包商是安全的。然而，最老牌的科技公司並不安全。我們不會被那些吹噓「早在惠利特（Hewlett）與普克德（Packard）大學三年級在操場上相遇時，我們就已經在生產幻燈片投影機了」的公司所吸引（譯注：兩位為科技工司HP的共同創辦人）。老字號承包商是安全的，但老字號科技公司則不然。

你知道還有什麼不是安全的嗎？疏於維護的零售商店、辦公室、停車場、廁所甚至網站；燒壞的燈泡、雜亂無章的倉庫貨架、兩天前才通知假期不開門的語音訊息，或淋浴間的角落長黴菌的飯店。

若你不夠嚴格地要求員工為每日的清潔與例行維護負責時，我們會注意到；如果你讓牆上掛上藝術品佈滿灰塵，我們假設你沒有獲利——因為你肯定不是太出色。可翻譯為：你不是一個安全的選項。

顧客選擇很多，會快速淘汰不合格的店家

另一個原因更基本也更普遍：**這是競爭的市場機制，顧客不會去選陳舊過時的商品，因為我們沒必要這麼做。**在過去，我們常常我們為了方便，選擇離家最近的公司，接受不夠理想的服務，否則就得花一段時間開車，穿過整座城鎮以獲得好一點的服務。

現在我們幾乎不用再面臨這種困境了，因為到處都是選擇！另外的選擇常常只不過

是一通電話或一封電子信件的距離。我們樂於選擇其他更現代、更乾淨、更實用、更精簡、更潮的賣家，因為很容易就可以這麼做。

- 如果你在一家高級餐廳享用一頓餐，卻發現洗手間很噁心（男士洗手間的常例），這會影響到你對食物、服務等等項目上的整體感受。
- 如果你走進一家牙醫診所，發現候診室的座椅破了、天花板上有水漬，你會對診療過程的無菌程度與安全性起疑。
- 如果你在網路上找行銷公司，但進入他們網站的首頁之前是一支Flash動畫影片，就像十年前那些企業的行銷模式，你會質疑他們是不是有跟上當代潮流。
- 如果你走進一家顧問公司，每個人都穿得比「週五休閒風」更加休閒許多，你也許會質疑他們的專業度以及他們看待事業的認真程度。

因此潛在顧客對你的第一印象很重要，就像我們都會看封面來評斷一本書的好壞，接著便一直有先入為主的想法。如果你助長了我們一開始的負面恐懼，你連爬起身來挽回都有困難。

聽好，在我們尚在摸索自己的缺點之前，顧客已經有夠多的理由選擇其他人了。不幸的是，照顧好你的事業並且保持乾淨、跟上潮流並不會創造任何競爭優勢，除非在你的產業，老舊破損的狀態是常態，而這也只會讓你和其他也重視自己事業的人平起平坐而已。

業務為何這麼做

你不太常注意細節，因為都在關注大局。不過再說一次，你的商品或服務可能會因為不想花錢裝修、更新而顯得廉價。

你的店面很髒，因為你不願意讓員工對他們應該負的責任負責。你要嘛是想要受歡迎，要嘛是害怕衝突，要嘛是害怕招致員工反感。不管原因是什麼，你得克服它，否則會因為沒有維護或升級店面或網站，而趕跑顧客。

顧客為何離開你

如果你都不在意，為什麼我們要在意你有沒有生意？你的事業看起來陳舊過時的話，我們就找其他地方去；你的味道不好聞時，我們喚起嗅覺；你設備解體時，我們便投向別人的懷抱。

更好的途徑

做些非正式的市場研究。偷偷去你競爭對手的地盤走動，以瞭解對方；瀏覽他們的網站，並與自己的相比較。你的潛在客戶早就在這麼做了，你需要知道他們看到什麼。

現在，對你的事業做誠實的審視。帶著全新的眼光，邀請一個不為你工作、值得信任的同伴，跟你一起踏上這趟自我發掘之旅。把所有看起來不優秀、不乾淨或不新鮮的任何事物都列下來。

誠實、嚴格地自我審視。然後，一項項依優先順序更新、更換或重新模擬。即使是在一年或更久之後。**也許無法馬上把賣場或門市的所有事物更新，但你需要有計畫地讓每件事物漸漸做到位。從第一件事開始：清潔！**

別浪費我們的時間（讓顧客一等再等……）

記住，沒有人會跟你一樣急迫。

——菲利普．艾弗林（Philip Avrin）

如果說最近幾年有什麼問題成為我們做決策的驅動力，那就是時間。不僅是因為我們討厭等待（的確如此），也因為我們經常必須在時限內完成工作。

我們不斷在高速公路上來回疾駛，尋找車流最順暢的車道——即使只能省下幾秒鐘。我們對等待網頁下載、等待紅綠燈及等待微波爐裡的爆米花很不耐煩。

如果說有什麼比等待更令我們討厭的，那就是浪費時間。「浪費」這個詞意指等待是不必要的。而在商場上，正是因為能力不足、欠缺完善規劃或糟糕的政策，使我們不得不浪費時間等你。

那些沒得到允許，卻被浪費掉的時間

為什麼病患得接受醫療人員把預約時間，僅僅當作建議時間，而不是確切的約診時間？他們希望病患準時抵達，但到號時才會開始看診。為了先安撫病患，他們常常被帶進檢查室繼續等候一陣子。當然醫療人員也許是被嚴重的醫療個案耽擱了，但難道不該為此好好計劃、預留緩衝時間嗎？

再舉一個例子，某天我有個午餐約會，對方遲到二十分鐘，進門時氣喘吁吁。「很抱歉，交通太混亂了！」他說著，一邊把外套丟在座位上，一邊噗通坐下，打開菜單。

「真的嗎？可是我準時到了。我想午餐時間可能會塞車，所以提早一點出門。」我說。此刻，語調變了，有人感到不被尊重，長久建立起來的善意已遭破壞。就像以上的例子，做為業主的你，真的盡了你所能地去尊重顧客的時間嗎？

幾十年來，汽車經銷商總是花整整一天賣一輛車。為什麼顧客買一輛車要花這麼長的時間？因為當顧客心中有個定見時，業務員就會跑去跟業務經理報告，試圖「算出數字」。（當然，真正值得討論的數字是禮拜天足球賽的比分，或下週去露營旅行時要抓幾條魚。）

長期研究指出，汽車經銷商把顧客留在店裡的時間越久，顧客離開的可能性就越低，因為覺得自己在這樁交易上投注太多時間，不想到另一個經銷商那從頭再來過。時間曾經站在業者那邊，但現在不再如此。

顧客不只是想要「他們想要的東西」，不只是想要「在他們想要拿到東西的時候拿到」，也想要在「他們想要答案的時候得到答案」。他們想要問題的答案——不是下週，也不是某某人回到工作崗位的時候，他們現在就想要。

顧客是這麼想的：別用藉口浪費我的時間、別浪費我的時間來安撫我。如果因為無法供應或時間上來不及，使得無法得到我想要的東西，別讓我耗了三天等候之後才發現。快去找答案，帶我們見經理或哪個掌握權力的人——現在就去。我知道不能總是百分之百稱心如意，是會有點不會開心，但還可以接受，不能接受的是浪費了一天才知道不可行。

這就像是電腦壞掉，我們的報告、文件、論文或書籍內容在裡頭，在沒有備份下一瞬間消失。天啊！不只是失去了所有的心血，還要再花上五或六個小時重做！這不僅僅是沮喪，而是肉體上的疼痛。

很多東西是失去還能賺回來的。我們可以把錢賺回來、可以重建友誼、幸運時還可以洗刷罪惡並挽回名譽。

但時間是永遠賺不回來的。失去它是一回事，浪費則是另外一回事。我們可以選擇把時間耗在看電視或玩社交媒體上，但那是「我們」選的。沒有得到許可來浪費我們時間的企業，會失去我們的生意。

購物的新革命——Carvana與亞馬遜

如果排隊吃午餐的人很多，我們可能會去別的地方；如果我們被告知要等上四十分鐘，我們會掛斷電話。連等三十秒鐘的紅燈都不耐煩了，為什麼你覺得我們應該要耐心等你有空接聽電話？更糟的是，如果我們覺得等待是不必要的，只是你精簡人力的副作用罷了，那麼我們只會在願意等的時候等待。例如在德世寶高爾夫球場（TopGolf）等場地的話，那就值得！

我們想要能在馬路上開車，所以必須在監理站等候以取得駕照，那時別無選擇，如果有，我們也許會離開。

今天，我們積極尋求能速成的選擇。Carvana讓顧客不透過汽車業務員買車、亞馬遜開始在一些城市提供當天到貨服務，而你能提供什麼優勢讓顧客能更妥善利用時間？如何讓他們購物的流程更加快速？顧客看重他們的時間，你也是嗎？

業務為何這麼做

時間是相對的。我們認為合理的速度，在某些趕時間的顧客眼中就是拖拖拉拉。所以你必須瞭解的是，對顧客來說「快速」該要有多快？從他們的角度來看，「合理的等候時間」是多長？

顧客為何離開你

花費在不是享受的時間越短越好，如果我們發現時間不必要地浪費了，會覺得是企業要為此負責。你說處罰嗎？我想是直接失去這筆生意。

更好的途徑

不要僅僅依據內部標準來衡量你的效率；不要僅僅以交易是否完成、買賣是否成功或商品是否送達，來評斷這筆交易是否成功。審視顧客購物流程的每個環節，**詢問是否有可能更流暢、更快速、更透明、引導得更好、更合宜或更客製化嗎？**

時間是受到尊重還是被浪費掉，這是顧客的主觀感受。我們可以對這感受的指針產生極大影響。解方就是順著顧客的行為模式，如旅行般走一趟，以加速並增強與顧客之間的互動。

別只想著「省」（為什你的產品看起來廉價？）

我們得到的東西太便宜，便使我們太輕視它們；任何事物的價值只有在匱乏時才能體現。

——湯姆斯．潘恩（Thomas Paine）

省下番茄醬和紙巾後，又得到了什麼？

要求效率是合理的。花錢精打細算是可以理解的，這是節省；把滴到浴室洗手檯上的牙膏刮下來，然後用來做成晚餐後的薄荷糖，是寒酸；把餐巾紙或番茄醬放在櫃檯後方，等我們索取時才問需要多少，是吝嗇。

我們鄙視萬聖節時只願意從夾克口袋裡掏出零錢的可怕鄰居，同樣地也討厭在基本開銷上吝嗇、故意給我們比預期的（或應得的）還少的業者。

最近，一家私人股權的公司併購了一個知名機構，正尋找削減開支的方法以提高獲利。除了探討營運效率之外，他們也從支微末節裡尋找出能夠省下現金的方法（聰明的舉動，因為人通常可以從細節裡挖出錢來。）但只要你（膽敢）削減關於顧客的服務或設施，就會置身險境。

這家公司認真考慮的節流項目之一，是取消任職滿五至十年的主管表揚活動。他們往常都會在週年紀念大會上，從行程中撥出幾分鐘，向任職多年的優秀管理階層的團隊致敬，而現在有人建議取消這些嘉獎以節省開支。（順道一提，獎牌的成本大約是二十元美金。）

真的嗎？這是你想要節流之處？取消成本二十元美金的獎牌，給為公司貢獻六位數營業額的主管階層？所幸很快就被打槍，這些非常合理的感恩禮物保留下來了。

「可以給我番茄醬嗎？謝謝。」在得來速的窗口檢查袋子，發現裡面沒有番茄醬後，你這麼說。我指的是，袋子裡有兩份大薯跟三個漢堡，服務生不是都會把番茄醬丟進袋子裡嗎？

「你要幾包？」他問。

「嗯，五包好了？」你有點口吃地說。

服務生精確地數了五包番茄醬，數的時候還默念，然後遞給你。

「你可以告訴我餐巾紙在哪嗎？」你又問了。她伸手到你無法拿到的地方，小氣地抽了一張餐巾紙給你。

我們難道不是成年人嗎？吃完剛買的餐點後，居然不能幫自己決定要用幾張餐巾紙來擦臉跟手，吝嗇！這是不必要的徒增困擾。蠢！

顧客會注意到業者的小氣、塑膠叉子品質很差、登記櫃台人手不足、用過大的包裝來充填商品，好讓顧客誤判內容物的分量。業者看起來很吝嗇，而顧客覺得上當。

檢討每一項支出與尋求降低成本、提升效率，在商業上是明智的做法。某些財務專家可以走進任何機構，在一週內幫業者減少百分之五到十的成本，簡單輕鬆。然而，由於我的專業與思維是從創造獲利的角度切入，會反對大多數的這些成本削減。

降低成本不難；但削減不必要支出的同時，能做到不對銷售或對顧客造成負面影響，這點很難。只要簽簽文件，你就可以輕易地裁員、取消服務、減少設施並刪除顧客以前享有的福利。但削減了這些，你還剩下什麼？

這是一記警鐘。這本書是為了幫助企業做出刻意的、有策略的決定，這些決定會影響他們的服務品質、感受、效果、速度及偏好。但通常重大的財務決定，往往是由那些企管碩士和會計部主管評估，而非業務與客服部門的管理者們協調產生。因此太多太多公司很不會做選擇，他們只是專注在管理，而非服務。

貝佐斯的「第一天哲學」

亞馬遜總裁傑夫．貝佐斯（Jeff Bezos）的「第一天哲學」思維很出名。這個思維不是關於管理一個事業，而是維持急迫感。每年，他都會重發一九九七年亞馬遜第一天上市時，寄給新公司股東的信。以下是節錄：

這只是網路時代與亞馬遜的第一天，如果我們營運得好的話。如今，電商已經可以幫助用戶節省金錢和寶貴的時間。在未來，電商將透過個性化推薦，讓用戶可以更快地發現商品，節省購買時間。亞馬遜透過網路為讀者創造真正的價值，也期盼能藉由這麼做，創造出一個歷久不衰的品牌，在大而完備的市場亦然。

儘管樂觀，我們仍需保持警惕、維持急迫感。要實現對亞馬遜的長期願景，我們將面臨幾個挑戰與障礙：兇猛、有能耐、資金充足的競爭；巨大的成長挑戰與執行風險；產品與市場版圖擴張的風險；為滿足擴張中的市場機會所需的大規模持續投資。

貝佐斯提醒他的團隊，永遠都要把每一天當作「第一天」。這種心態不是關於管理，而是成長。這不只是關於效率，而是為了突破極限，好還要更好。他們不擺出嚴密的防守陣，而是派遣員工去找尋新機遇。

幾年後，有人問貝佐斯「第二天」是什麼樣子。他回答：「第二天是停滯。接著會變成無關緊要。然後是要命的、慘烈的衰退，接著是死亡。這就是為什麼每一天都要當作是『第一天』。」

而對你的顧客吝嗇，就是「第二天」的開始。

業務為何這麼做

企業把「節儉」與「吝嗇」混為一談，因為他們對這種影響視而不見，或拒絕看到。我不認為商場上大多數的人都是卑鄙的，但當你拒絕為沒消費的人提供洗手間，就等同被貼上了卑鄙與小氣的標籤。

你可能很吝嗇地省下了一些錢，但很抱歉，可能會付出高昂代價。顧客注意到了，他們雖然讓了一步，但會對他人分享——不只分享你的吝嗇行為，還有覺得你變差的評價。這值得你省下每十張一塊錢的餐巾紙嗎？

顧客為何離開你

顧客對於花費的ＣＰ值，與是否會重複這個消費經驗直接相關。如果這頓飯要花二十四美元，而我們能找到同等品質但一半價格的選項，很可能就不會回訪了。同樣道理，如果買了一件外套，材質跟縫線都感覺很廉價，我們會退貨或不再光顧。**「省」、「廉價」或「吝嗇」，都不是你希望與你的事業聯想在一起的形容詞。**

更好的途徑

摘下你的眼罩。用全新的眼光，像顧客般走過一次消費流程。觀察他們所看、感受、互動、端詳的每一樣東西。

如果他們有部分消費經驗，會抹煞掉你對公司的用心良苦，去解決它。**如果某件事拉低了顧客對公司的品質或誠信的觀感，請花一些錢來調整。**正如削減成本需要一個刻意的決定，卓越也是。你覺得你的顧客在找的是哪一個？

別把常客視為理所當然（做不好！顧客就會默默離開你）

生活就是追求、取悅、調情跟聊天。

——鄺凱琳（Carolyn See）

永遠不要停止取悅老顧客

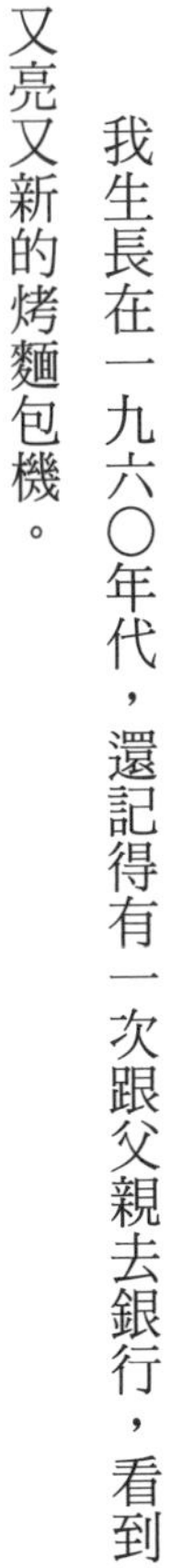

我生長在一九六〇年代，還記得有一次跟父親去銀行，看到一個小展示台，放著一台又亮又新的烤麵包機。

「銀行為顧客提供烤麵包嗎？」我好奇地問。

「那台烤麵包機是開新帳戶的贈品。」他笑笑地說。

「什麼是贈品？」我問。

「就像是他們提供給新顧客的獎品或禮物。」他回答。

「那我們會拿到一台新的烤麵包機嗎？」我又問。

「不會，那是給新顧客的。」他說明。

「那我們會得到什麼？」我緊追不捨。

「呃，我想什麼都沒有。你可能會得到一枝棒棒糖！」他微笑地走向銀行出納員。

我們花大把時間追著找新顧客，也得有源源不絕的新客源，如果明年還想要有一席之地，行銷的腳步就不能停。我的問題是：除了這項使命之外，**你做了什麼取悅現有的顧客，並讓他們感到被重視？**

許多婚姻都在雙方停止向對方求愛、把彼此視為理所當然之際出現危機。生活出現阻礙、小孩的麻煩很多，約會夜的頻率越來越低。接下來的劇碼你也知道了，那個你承諾要珍愛、看重並珍惜的伴侶感到被忽視、不滿、被視為理所當然。哪裡出差錯了？

在商業上這也很常見。我們盡力讓新的潛在客戶對我們印象深刻，花費許多額外的時間、精力，以展現最好的一面。我們在合作早期服務一流，那時常常溝通、確認一切都在軌道上。

然後，很難避免的是過了一段時間後，我們開始有點太愜意了——甚至有點自大。「顧客愛我們，會永遠支持我們！」我們開始覺得不用多費心思，畢竟已經有常客，或是公司長期往來的客戶。我們一直是候選名單上的商家，或是熟悉的零售店。也不是說我們不需要再好好工作或努力認真，只是不用再做額外的努力或改進。我們太愜意，也太自大了。

就長期顧客或客戶的關係，經營者最大的威脅是自滿。事業上的競爭對手，很樂意以取悅新顧客那般地對待我們的老顧客，這是持續存在的挑戰。你以為是誰努力讓你的老顧客留下好印象，就是想取代你的競爭對手。對手送上佳餚美酒、討好哄騙你的老顧客，讓他們覺得被當成女王或國王。根據高德納諮詢公司（Gartner Group）提供的數據顯示，有百分之六十八的顧客，是因為他們察覺到業者變得漠不關心而離去。

所以不要以為替顧客做了一件好事，他們就會一直對你忠誠，如果沒有投注時間、專注力並持續保持聯繫、創造令人心懷感激的互動，他們的眼神就會飄離。看到你的競爭對手為新顧客提供的優惠與誘因時，他們會被誘惑！你不會因為在一開始贏得顧客、為他們服務，就永遠留得住他們。

我的親身經歷——抱歉，你不是我唯一的選擇！

一天下午，我正要離開飯店，服務生帶我到外頭排成一排的計程車等候區，並把我的行李搬上後車廂。我靠在後座、拉下車窗問司機，是否接受美國運通卡。他沒有看我或回答我。

「抱歉。請問這是只收現金的計程車，還是也接受美國運通卡付款？」我又問了一次。

他一樣沒有看我，右手離開方向盤揮了揮，做個「隨便啦」的手勢。這讓我喊向正走遠的服務生：「把我的行李從後車廂拿出來！」我走向隊伍中的下一輛計程車。

這時司機打開車門，衝向我大叫：「幹什麼？等等！不行！」試圖要把我的行李從服務生手上搶回。

我對他怒喊：「我問你同樣的問題兩次，你不僅沒回答，連看都不看我一眼！你假定我就得要搭你的車，因為輪到你了。但我不會，你失去獲得我這筆生意的權利。你的服務態度很差勁。我本來會待你更好、給你豐厚小費，但現在你去等下一位乘客吧。」

我向服務生道歉，他連番點頭並說：「不。其實我同意你說的每一句話！」

我對下一輛計程車司機說：「你接受美國運通卡付款嗎？」

「當然！」在服務生把我的行李搬上他的車時，他微笑著回答。

這件事的教訓是，不能假設並期待任何人想跟你做生意。無論是否已經生意往來一段時間了，或只是剛好輪到你，顧客總是有選擇的權利。給他們一個想要與你做生意的好理由，持續努力去贏得他們的生意，儘管當下已經擁有這些顧客也一樣。

當我們感受到對你的員工來說，其他事情更重要時，我們會覺得不受重視；當他們自顧自拿手機講電話時，我們不願意打斷他們以免被白眼；當你的員工在我們面前八卦或抱怨其他顧客時，我們會感到不舒服。

別以為和我們已經有過生意往來，就代表可以停止努力。如同這句被複述多次的格言：「每間公司都是在每個月的最後一天被解約，然後在下個月的第一天受青睞。」每一次我們簽下支票、允許自動扣款或走進你的餐廳，都是用新的眼光來評斷，並問我們自己：是否想要繼續維繫這種往來關係？

這不代表忠誠已死，只是因為離開你太容易了。

業務為何這麼做

雖然我們都知道讓一個老客戶開心，遠比拉到一個新顧客簡單，但我們往往在專注於新業績的同時，付出流失忠實顧客的代價。

顧客為何離開你

沒有人想要被當作理所當然的存在。你以前常常關心但現在不再這麼做時，我們會覺得對你來說不再重要。當新顧客得到我們沒有享有的特殊待遇時，我們質疑忠誠得到了什麼報償。

更好的途徑

對老客戶經常問候。「上一次的購物經驗還順利嗎？我們的合約要到期了，怎麼做能夠在下一年度也獲得您的合約呢？」

花點時間列出你能為博得新顧客歡心的所有事情。你怎麼對待他們？多常聯繫他們？也列出所有現有的顧客，並思考可以如何同等地對待他們。不要停止向你的顧客展示，他們對你來說有多重要。

只是「好」還不夠！（品質只是入場券，還必須……）

在你嘗試跟鄰居比闊氣、比排場之前，確保他們沒有試圖向你看齊。

——爾瑪．邦貝克（Erma Bombeck）

被寵壞的消費者，不滿足於基本需求

一九四三年，亞伯拉罕．馬斯洛（Abraham Maslow）撰寫了一篇具開創性的論文，提出如今非常知名的需求層次理論（Maslows hierarchy of needs）。這當中包括：

- 生理需求：空氣、水、食物、衣物、遮蔽、睡眠。
- 安全：人身安全、健康、財務。
- 社交：愛、歸屬感。
- 尊重：受認可、受尊重、感到被重視。
- 自我實現：發揮潛力、實現抱負。

雖然相較於那個時代，如今我們的理解有了更大幅成長，但馬斯洛的思維確實是走在正確的道路上。

重要的是，我們已經非常有經驗去解決這些基本需求，幾乎有解決每一個問題的辦法。這並不是說現今的社會沒有人活在貧困、飢餓與孤獨之中，但說實話，生在工業化的世界，大部分人是相當幸運的。

簡言之，對絕大多數人而言，幾乎沒有什麼無法被滿足的需求。餐廳座落在大城市的每個街角；我們不用為了食物而狩獵；我們推著推車在大賣場或從網路上購物；幾乎沒有人自己縫製衣服了，我們只在店家或線上購買。

更言簡意賅地說，就是我們被寵壞了。**我們生活在一個擁有無窮盡選擇的時代，大**

多數人都不再受制於最基本的需求了。但我們還是有欲望，例如，我最近想要的是一架噴氣除雪機，要比住在對面的傑森那台更大；我不滿意住家的屋頂；我羨慕上班時途中會經過的小別墅；我想請電視節目《重修舊屋》（*Fixer Upper*）的夫妻檔主持人奇普與喬安娜・蓋恩斯（Chip and Joanna Gaines）來重修我們的老房子。（在德州的韋科市，出個價吧！）

追求更大、更好、更划算

我們想要的不只是好，而是要比好更好。我們想要最新的智慧型手機、最潮的車和最令人垂涎的籃球鞋。我們不只是想要比拚較勁，更想成為別人看齊的對象！

著眼於「更大、更好、更划算」，我們一直在尋找，或至少敞開心胸歡迎更好的選擇。我們的眼球很容易被閃亮的目標，以及更大、更好、更便宜的東西吸引。所以如果你只是在本業上做得好，你與顧客的關係便會面臨風險。

若我們只保持基本競爭力，只把該做的事情做好，就如同向那些能做到比好更好的競爭對手認輸。我們太常在行銷上吹噓我們的品質、承諾、關心、信任、客服、人情、新鮮感和與現有顧客的緊密關係。問題是，在你所處的那個領域，每位顧客都擁有這些服務品質。你的食物是很新鮮，因為，嗯，那是食物啊！你最好有最優良的顧客服務，不然我就會走人。

如果你只是「好」，就是平凡無奇的；如果你只是符合基本需求，我們不會在網路上抨擊你，當然也不會幫你大肆宣傳。我聽到某個公司領導人告訴他們的員工：「聽著，同事們，到頭來，重要的是品質。」小小兵們點頭以示贊同。

「錯！」我說。品質從頭到尾都是必要條件，也就是說，**品質是你能夠上場比拚的入場券，讓你得以開張做生意。但到頭來，最重要的是競爭優勢。**

在這個選擇太多的年代，好品質的選擇充斥每個角落。我堅信，這本書提供的經驗能幫助業者尋求與眾不同之處，而這也會是顧客回流光顧的原因。

顧客體驗看似是人人都在談論的熱門話題，但它一點也不新鮮。也許是因為網路世界有著傾向突顯表現不佳者的特性，所以我們更能辨識出態度不佳及表現不好的商家。我們對供應商和提供服務者的感覺，一直都是驅動做決策的力量。我們只與喜歡、熟悉並信任的人做生意。

而你的企業品牌，能讓你站穩市場上的位置。你的顧客體驗，會是你交付商品或服務的方式。要積極、要有謀略、要有智慧但也要有好心腸；要有同情心、有應變能力、有服務意識，以及謙遜。

我希望這本書能同時開啟你企業內部以及外部的對話，因為對話會加速認知與理解，理解導致行動，而行動解決問題。我們可以一起提升的也許不只事業。顧客體驗改善後，他們的生活改善、你的事業改善，員工的生活與安全保障也隨之改善。

趁我還記得，我可以借用一下你的洗手間嗎？

重點整理

- 員工的態度輕慢、滑手機、不認真工作與無法提供良好服務，不是他們的問題，而是上頭領導能力的問題。
- 對於員工普遍表現不佳的服務，就用領導力、模擬、教導、管理與兢兢業業來對症下藥。
- 管理階層需要基於團隊的表現來評估、獎懲。訓練員工、讓他們成長、給他們權力、不吝於獎勵並確保他們擁有成功所需的所有工具。
- 也許無法馬上把賣場或門市的所有事物更新，但你需要有計畫地讓每件事物漸漸做到位。從第一件事開始：清潔！
- 降低成本不難，但削減不必要支出的同時，能做到不對銷售或對顧客造成負面影響，這點很難。

業務筆記

NOTE

業務筆記

NOTE

後記

用顧客的角度想，你就知道該怎麼做了！

最後，為了真正改變服務品質低落造成的損害，顧客不能只是老闆、主管和員工——我們要當倡議者。我們所能扮演的最重要角色、在市場上能造成的最強大的影響，就是作為消費者。

試著想想，比起賣東西，我們更常買東西；比起作為客戶，我們更常造訪其他店家。我們身兼顧客、客戶及消費者。談到客服與顧客體驗時，身歷其中的我們，無論好的、壞的、醜陋的經驗都擁有。

如果我們能從這本書中汲取教訓，認識到糟糕的顧客體驗多麼普遍，並肩負變革的責任，會如何呢？如果我們挺身而出，成為活躍的倡議者，戳破不良的店家行為與不完備的政策，會如何呢？

我不是鼓勵大眾成為愛抱怨、容易不滿的人，而是希望有一群受過教育、洞察力強的人，能致力於造就正面的改變。如果我們不只是跟朋友發牢騷或發表負面評論，而是承諾打電話給經理、向員工示意或私下傳訊息揭發糟糕的經驗，會如何呢？畢竟經營者無法解決他們不知道的問題。

我在餐廳遇到不好的消費經驗時，會特別提點服務生或經理。我會說：「我只是想跟你分享今晚的感受，不是要向你討免費的餐食，而是同樣作為一個企業經營者，我瞭解你如果不知道問題出在哪，當然無法解決它，我知道你會感謝我的提醒。」他們總是對我的提點心懷感激。

雖然對我們來說，在事業上盡自身的職責，以創造良好的顧客或使用者體驗很重要，但要追求巨觀層面的變化，得點燃大眾。

這本書的目標之一，不僅僅是要創造出一束火光，而是一連串的小火苗。如果我們可以點燃企業主與領導者背後的火焰，鼓勵他們重新審視顧客體驗與固有的政策，那麼就可以期待兩者同時改變——對顧客與業者。

對於自己的這本小書，我並不期望能創造世界性的服務改革，或改造革命性的顧客體驗，但我確實希望這本書可以在成千上萬個組織裡，啟動成千上萬次對話。企業主的數量與消費者的數量相比是小巫見大巫。我們這些身兼兩種身分的人，擁有一個特殊機會，能發揮更大的影響力——不只是提供優良服務，也要鼓勵這種行為。

謝辭

感謝一路上所有的相伴者

大衛・艾弗林（David Avrin）

艾莉森・珍妮（Allison Janney）以《老娘叫譚雅》（*I, Tonya*）一片拿下奧斯卡最佳女配角時，她走上台發表得獎感言，看著滿場觀眾說：「我要把這個功勞歸給我自己。」她笑了笑接著說：「沒有什麼比真相更真實了。」

寫一本書也是同樣的道理。我不僅把完成這本書，歸功給寫作過程中相伴或相助的人，感謝你們的耐心包容。還要歸功給在我汲取知識、形塑主張和磨練智慧的那些年相遇的人。

感謝在我人生中各個階段中，提供可貴或夢魘般商場經驗的人。你們的勤奮或者無能，全神貫注或者漠不關心，都奠基了在這本書中分享的故事與收穫。

獻給總是令人驚奇、勤奮努力又忠誠的助理兼商業經理蒂芬妮・洛爾，我們齊心努力了十年，若不是妳在這項事業上的回饋、智慧、支持、激勵以及夥伴關係，我便無法成為現在的我。你是我的家人。

我要向Visibility International的主席與成員們致謝。我之所以更懂得如何教學、分享、安撫和指導，很大程度上，要歸功於過去十年間與其管理者超過四千次的一對一會談。我從中獲益的程度，與我教授的內容一樣多。

我也要為給予回饋的人致謝。我超棒的兄弟道格．艾弗林。你是我所知最聰慧、誠實且討喜的人。但如果任何人收到上頭寫著「世界上最棒老爸」的T恤或馬克杯，要知道那不屬於你。你不過是從我兄弟道格那裡借去罷了，使用完畢記得還給他。

給迪朱利厄斯集團（DiJulius Group）的約翰．迪朱利厄斯。聰明絕頂又大方的約翰，不像大多數人只會在紙上或嘴上談顧客經驗，他活在其中、傳授並塑造顧客體驗，顧客經驗滲透進他的毛孔裡。兄弟，你是真正的高手。

給曾經六度登上《紐約時報》（*New York Times*）暢銷書的作家、媒體名人、說真話者、名人堂演說家及全能的男人賴瑞．溫格內。我為你的善良與話語所折服，在你為這本書撰寫鏗鏘有力的前言面前，以及在舞台上、商場上和生活中形塑何謂真實的你面前，我只能謙卑。賴瑞是這個世界上最有魅力、最驚奇且最有行動力的演說家之一。向他看齊吧！

給美國專業演說家協會（National Speakers Association）裡的好夥伴。很少有人比你們更能理解上千名觀眾站起來鼓掌時，所感受到的腎上腺素激增，以及簽書時感受到的自我提升感。儘管隨之而來的是一頓寂寞的雞肉捲晚餐，以及得搭乘Uber前往機場。你們是我的家人、我的兄弟姐妹。我們路上見！

致我親愛的孩子，儘管已不再是小孩了——西耶拉、西霓與斯賓塞。與作為你們的父親這個最重要角色相比，我的演說家、顧問、教練和作家的身分都相形遜色。看著你們逐漸成長為有能力、慷慨且有愛心的人，是我至高的喜悅，你們天天都啟發著我。我本來要說：「你們一定不知道我有多麼以你們為傲。」但我想你們是知道的。

給我的新生的孩子，但也不再是小嬰兒的杭特與威爾。我很興奮並且自豪能夠參與你們的生命（而且我與你們母親相愛至深）！

給我的天使洛爾。你的愛、支持、耐心、幽默、智慧與不斷鼓勵每一天，都使我驚奇。我知道你會永遠在我身邊，給予我足以去做任何事情的力量。我愛你。

最後要感謝成千上萬的支持者，無論是我的觀眾、我的電子報訂閱戶、我在社群媒體上的朋友、在臉書上留言的人、轉推我失禮言論的人，或者這些年來一直支持我的人——萬分感謝你們！你們的支持對我與我的家人來說意義重大。

國家圖書館出版品預行編目（CIP）資料

業務之神的精準服務／大衛・艾弗林（David Avrin）作；王秋月譯
-- 新北市：大樂文化，2020.08
面；　公分. --（優渥叢書 Business；68）

譯自：Why customers leave (and how to win them back).

ISBN 978-957-8710-90-0（平裝）

1. 顧客關係管理　2. 顧客滿意度　3. 消費者行為　4. 行銷策略

496.7　　109010569

UB 068

業務之神的精準服務

作　　者／大衛・艾弗林（David Avrin）
譯　　者／王秋月
封面設計／蕭壽佳
內頁排版／思　思
責任編輯／林育如
主　　編／皮海屏
發行專員／王薇捷、呂妍蓁
會計經理／陳碧蘭
發行經理／高世權、呂和儒
總編輯、總經理／蔡連壽

出 版 者／大樂文化有限公司
地址：新北市板橋區文化路一段 268 號 18 樓之1
電話：（02）2258-3656
傳真：（02）2258-3660
詢問購書相關資訊請洽：2258-3656
郵政劃撥帳號／50211045　戶名／大樂文化有限公司

香港發行／豐達出版發行有限公司
地址：香港柴灣永泰道 70 號柴灣工業城 2 期 1805 室
電話：852-2172 6513　傳真：852-2172 4355

法律顧問／第一國際法律事務所余淑杏律師
印　　刷／韋懋實業有限公司

出版日期／2020 年 8 月 31 日
定　　價／300 元（缺頁或損毀的書，請寄回更換）
I S B N　978-957-8710-90-0

優渥叢書

優渥叢書